法式甜點學 · 暢銷經典版

L'ART DE LA PÂTISSERIE FRANÇAISE

這是一本告訴你法式甜點為什麼優越、該怎麼欣賞、該怎麼知其好壞的參考書

Liz 高琹雯／美食作家、Taster 美食加創辦人

近幾年，法式甜點在台灣長成一幅風景。法式甜點專賣店愈來愈多，法式甜點職人愈來愈普遍，成為一種年輕人樂於探索的職涯選擇。

尤其，幾間台北指標性的法式甜點店，創辦主廚很多原本不是餐飲科班出身，而是中途「轉行」，特地前往法國學習正宗的甜點製作，在求學與工作的過程中建立了法國甜點職人的身分認同，培養出法國飲食文化觀，回到台灣後，繼續推廣這樣的飲食品味與生活價值。

擁有甜點師身分的 Ying 是其中一人。

有意思的是，Ying 不開甜點店，不做甜點教學，她轉身走上一條人跡更罕至的路：法式甜點的品評、鑑賞與論述。自從 2016 年起，Ying 就在網路與報章雜誌發表一系列法式甜點鑑賞、法式甜點大師介紹的文章，試圖在一波波有關甜點的話題浪尖上，網美拍照視覺凌駕的浮光掠影中，更深入探討法式甜點的內涵與脈絡。其實，Ying 的前作《巴黎甜點師 Ying 的私房尋味》已顯露這般心思，雖是一本消費導向的旅遊書，卻細細交代店家的來龍去脈、甜點師的背景來歷；3 年多後，Ying 進一步提煉出法式甜點的專業知識、置身法國甜點業界的入微觀察，以內行者的角度娓娓道來，法式甜點究竟是什麼，法式甜點密切相關的人事物有哪些。

《法式甜點學》是 Ying 投身甜點業界以來的段落總結。

後退一步，眺望全景。這本書沒有甜點食譜，沒有店家介紹，看似不甜蜜夢幻，卻無一字不在寫法式甜點，寫其概念、原則、標準。這是一本告訴你法式

甜點為什麼優越、該怎麼欣賞、該怎麼知其好壞的參考書。也就是說,當我們品嘗某位甜點師傅的某款作品時,可否跳脫喜不喜歡、好不好吃這類空泛的個人抒發,而真正品評其製作技巧、創意思考與美感風格?好在哪裡,要說出來,壞在哪裡,要說出來,法式甜點可以成為認真品味與鑑賞的標的,認真累積品嘗經驗之餘,這本書可以成為你建立架構、快速取得知識的大補帖。

雖然,影評家不必然會拍電影,藝評家不必然執筆繪畫,從事評論者若本身擁有實戰經驗,顯然更能得箇中之味。Ying 是甜點師,待過巴黎的米其林星級廚房與知名甜點店,寫起法式甜點鑑賞與職人養成就是入木三分。她解釋法式甜點的組成邏輯大多符合「『pâte(麵糰)搭配 crème(奶餡),再加上 glaçage(飾面)和 décors(裝飾)』的規律」,一點就通;因此甜點師並不整天與烤箱為伍,「比起烤箱,在法式甜點專業廚房內也許更重要的是冷凍庫(congélateur)與急凍庫(surgélateur)」;也因為法式甜點追求完美,重視完工與裝飾,裝飾的多重目的如延長保存期限、使外表變得更誘人之外,「還包括掩飾不完美、暗示蛋糕的組成元素或口味、增加口感對比與豐富蛋糕風味」,一個個小蛋糕都要單獨裝飾,「台灣習以為常將大蛋糕切片,並圍上透明玻璃紙販賣的形式,其實是不太符合法式甜點精神的。」讀到這些字句,都讓我在心裡「喔」一聲,恍然大悟。

我也很喜歡本書最後的人物訪談,不僅網羅 Cédric Grolet、Yann Couvreur、Maxime Frédéric、Jessica Préalpato 等首屈一指的新生代法國甜點主廚,對於甜點雜誌《瘋甜點》(Fou de Pâtisserie)的介紹及其共同創辦人與總編輯 Julie Mathieu 的訪談,都讓台灣讀者與法國甜點界即時接軌;台灣觀點由鄭畬軒主廚代表,也無遺漏。

Ying 也花了頗多篇幅探討「甜點圈」與社群媒體,不僅貼近當下社會脈動,也讓人感同身受。Ying 自己就是藉由社群媒體累積影響力的一員,「新媒體」時代下誕生的這本《法式甜點學》,或許終能發揮書本的傳統影響力。

在法式甜點之路上

葉怡蘭／飲食生活作家 ‧ 《Yilan 美食生活玩家》網站創辦人

回想起來，在我的飲食追尋之路上，有幾個深深刻鏤心版、久久銘記的關鍵時刻，特別難忘一次，是年少時在台北一家法式鄉村料理餐廳裡，平生首度嘗到 Crème brûlée 法式焦糖布丁。

「那當口，以小匙叩叩叩地輕輕敲開表面的脆硬糖片，連同下方的綿柔布丁舀了入口，脆與軟、熱與冷、微苦與香甜……怎麼可能！這許多截然兩向的口感與味道覺知，竟能如此微妙地在一口裡相互交揉交織？」──多年後，我在一篇回憶文字裡，如此記述了當時的震撼。

質地、風味、結構、層次、餘韻……當然，以現在眼光看，法式甜點領域裡，Crème brûlée 可說是再簡單尋常不過的基礎品項，但在當時的我來說，那段經驗毋寧是一回初初啟蒙，讓其時還未踏入飲食研究和書寫之門的我，彷彿從門外窗隙，稍稍一點點窺見了，法式甜點、甚至法式料理的奧妙神髓與儷人之魅。

在那之後，入得門來，隨著眼界與行腳的漸開與漸廣，從台灣到巴黎到世界，從長年依賴的熟稔小鋪到每趟旅行必然朝聖的各重量級大師名店，不單單經歷體驗無數，法式甜點之於我，更從餐廳裡只能久久一次瞻仰，一年年成為習慣成自然的日常。

是的。我總是和買菜買米買麵包一樣，依照賞味期限的短長，今天、明天、後天，堅持著隨時儲備好日日睡前定然不可或缺的甜點，耽溺成癮、執迷沉醉。

而每一回，我之所望所欲所求、或說能夠直入我心的佳作，仍如當年初遇之際一樣，定得是一次多重多元多樣多端感官的震懾和領會。

　　這也是為何，Ying 的這本書，對我而言可說意義別具。長年收看她的臉書與發表文章，也早從共同朋友處聽聞她正埋首此書的消息，此刻細細展讀，歡喜她果然交出了精采的成績。

　　從歷史源流、人文掌故、類型定義、組成元素、風貌特色、評鑑賞析、趨勢潮流，以至一步跨入專業範疇的產業狀況、廚房編制、學校體系，以及當紅甜點師之面對面親身採訪等等都包羅其中；無疑是一部法式甜點全書，將法式甜點為何得能在全球餐飲世界裡，凌駕地域與類別之限，和法式 fine dining 一樣，擁有無可挑戰、取代，且是人人痴迷愛戴的極致地位的背景緣由原因，抽絲剝繭、翔實完整交代。

　　閱讀過程中，讓我分外興趣盎然的，還有篇幅裡屢屢流露，對甜點界正風起雲湧的種種流風現象的觀察與思考。特別是隨 Instagram 崛起而帶動的主廚明星化、作品視覺化的狂瀾，以及雖一直存在、但顯然隨數位傳播而愈演愈烈的「致敬還是抄襲？」之疑，更是書之後段高度聚焦且不斷反覆尋問、論述的議題；在在呈現出一位專業甜點人立足這時代洪流裡的深切反思、關注觀照。

　　然後，再三玩味則是字裡行間所透露，似正逐漸成形中的，更踏實、更淳樸真摯、更趨近天然的，法式甜點的下一步未來。

　　是的。沉迷法式甜點數十年，見識一波又一波潮起潮落，始終深深知曉是，華美堆砌通常只是一時，歸真返樸時刻總會一次次全面到來。而我在這裡，深深期待。

甜點承載了無數的記憶與感情，
最後為眾人編織成了文化

鄭畬軒／Yu Chocolatier 畬室法式巧克力甜點創作主廚

　　法式甜點近年在世界掀起風潮，台灣也不例外。在眾人前仆後繼製作、品嘗之際，中文世界似乎一直少了一本統納甜點歷史背景與概念知識之書。今日終於有了，於是才有此機會榮幸寫序。

　　人類是有趣的生物，擁有超越其他物種的智力，卻仍執意將一部分用在最原始的進食行為，改良它、精進它、美化它，甚至神話它。「甜味」從自然界中快速提供能量的角色，成了帶給人們愉快享受的「甜點」。我自己身為巧克力甜點師，正巧與作者經歷台灣甜點史上的一次不小變化。台灣早期甜點受日本系統深刻影響，在 2010 前後，受到當時台灣漸趨熱絡的餐飲生態的驅動，開始有不少人們出國學習甜點，地點也慢慢從早年較近的日本，轉向甜點更遙遠更正統的發源地——法國。爾後，這批人回來台灣，許多人開店立鋪，不少人進入業界，亦有如同作者投入甜點推廣之人。短短十年間，台灣從南到北創立數以百計的法式甜點店，當年看似潮流的現象，如今已成不折不扣的文化。

　　去法國學藝是我職涯一輩子的養分。倒不是在那裡學會了天大技術，而是在那徹底理解文化的力量，可以滲入平日飲食間，再透過百回傳承而昇華成美感。台灣過去並不鼓勵在飲食中追求「美」。吃得飽就要謝天；吃得巧是挑剔，是美食家才有的奢侈權利。於是讓我們在很近代，透過日本的職人，或者法國的 Artisan 的概念，才回過頭來發現自家巷口蒸了 20 年的包子店，其實也具有無限美感。這般借鏡是法國給我的養分，讓我發現用每日飲食亦能推展美的存在，而若要說餐飲界的美人，又如何能不提法式甜點呢？

　　不同於坊間常見的食譜書體，作者以嚴謹的考究精神帶領讀者遊歷法式甜點的歷史背景，文化變革，乃至今日的持續演進。書中更是集結許多法國當今甜點界重量級的人物訪談，能讓讀者一窺創作者的精神世界。在這些對話中，我們再次被提醒，甜點亦有食譜操作之外的意義。它承載了無數的記憶與感情，最後為眾人編織成了文化。

　　作者與我的訪談入了書，還成末節是意料之外，但返回自己的文化脈絡中思考作結似乎再適切不過。法式甜點今後只會在台灣走得更深更遠。當我們完成表層的技術臨摹之後，再往下一層的文化意涵會是什麼？甜點之於台灣，台灣之於甜點可以是什麼？我們是何等幸運，竟能透過每日行動，有意識探索與建構，決定一個新興文化要如何在台灣落地生根，如何成為一體，又如何以此與人交流。甜點人相信承載，每篇食譜、每個職人、每種技術、每樣器具都承載了意義，點滴灌入永遠不停歇的甜點世界中，正如同這本書一般。

法式甜點讓我見證了那些點滴逐漸連成一線的軌跡，還看到了它們一起發光的瞬間

12 年前的此刻，我還在荷蘭烏特列茲大學準備碩士論文的最後階段。我們那一班大概是社會科學院內所有教授看來最迷茫的一班，決定要攻讀博士的人寥寥無幾，而我甚至還在猶豫到底要不要申請法國的甜點學校。那時候雖然自己心裡很清楚知道真正想做的是什麼，卻無法毫不顧忌地向前直奔。不僅和班上的好友討論過好幾次，甚至也和指導教授透露自己其實想要徹底轉換跑道。指導教授跟我說：「一定會有一個時刻，譬如有一天你起床的時候，就會明白知道該選哪一個。」

不過，那時候我煩惱的可不是應該選哪一個，而是選了之後要怎麼走下去、如何面對這個決定後接踵而來的其他決定。法國的甜點學校只有一年，一年之後我該往哪裡去、該做什麼，我完全沒有頭緒，萬一學了甜點之後發現我根本不是那塊料，以後也無法繼續在這個產業工作該如何是好？ 如果決定留在荷蘭，我所要做的只是在一年內拚命找工作，之後換簽證就行。不管是繼續做社會科學研究，還是回去消費品產業做消費者研究、市場調查等相關工作，不確定性都相對低，唯一需要忍耐的，大概就是自己可能不會很喜歡未來工作這件事。但這世界上又有多少人真心喜歡自己的工作呢？

結果我在當年度 8 月底就一腳踏上了巴黎，並且立刻領教了這城市毫不留情的一面。

和許多人想像的不同，追求夢想什麼的，根本就沒有絲毫浪漫之處。唯一接近浪漫的，大概只有決定那瞬間混合著興奮與不確定的戰慄。我最後在根本不知道自己未來要怎麼辦的情況下選了巴黎，其實是因為可行的 plan B：雖然條

件會變得比較嚴苛，但最糟情況下，我還可以在一年之後回來荷蘭重新找工作。一年後學校結束、實習結束，我知道自己喜歡甜點，但果然仍然不知道自己接下來要做什麼，所以回荷蘭去了，但沒想到 4 個月之後經歷了更大的人生抉擇：我在各種慌亂與不自信的恐懼中，為了能快速找到一個安定生活的浮木，又重新申請了一個新的簽證回到巴黎一邊學法文、一邊實習，徹底放棄了自己未來留在荷蘭的可能性。

巴黎並沒有因此就變成流淌著奶與蜜之地，地鐵一樣充斥著令人不悅的氣息，公家機關與各種機構依然效率極低，廚房裡的工作同樣每天耗盡體力，與同事之間的溝通因為法語能力不夠總是令人挫敗無比，而我繼續在每天清晨、公車載著我度過塞納河的朦朧月色中質疑自己究竟在做什麼。我愈來愈清楚直接在廚房現場工作並不適合自己，但這讓我更加不知何去何從。直到我發現自己在短短的週末，還願意在廚房裡每天站上 8 小時創作甜點，將想法一點一滴成型時，才確認我對甜點的愛並沒有變，只是需要換個不同方式來親近它。

時間再往前快轉兩年，我很幸運地因為 Instagram 帳戶受到關注，也受惠於家人朋友的關愛幫我引介了出書、寫專欄、教學的機會，才稍微減輕了「我到底能做什麼」的自我質疑。在《BIOS Monthly》持續了兩年的專欄介紹如何鑑賞法式甜點、認識法國當代甜點大師，可能是我人生中第一次真正覺得如魚得水的一份工作。過去不管是在行銷還是甜點業界，以及做社會研究寫論文時，始終在愛好、長處與持續力三者之間無法同時達標，但甜點專欄的寫作不同，我頭一次感受到能夠依照自己的意志訂立工作目標，且迫不及待完成，甚至希

望能夠做到更多的樂趣。當時 Cédric Grolet 主廚的作品在台灣出現各種仿作，卻沒有人知道原創者，啟發了我希望能將甜點人與他們在作品上花的心思介紹給更多人知道的想法，沒想到當初種下的種籽，現在不僅發芽，還抽出了鮮綠的嫩葉。

　　許多人或許難以相信，過去我在台灣的時候，其實幾乎不吃甜點，對甜點更是近乎無知。在身在歐洲的 10 年中，我在荷蘭跟法國各學習了一套認識世界的方式，荷蘭的社會學訓練讓我能夠跳脫個人視角，以更高層次觀察個體與社會的互動、瞭解個體行動與思維的限制；而法國的甜點師養成與工作、生活經驗，則大幅磨練了我的美感體驗、溝通能力與對不同價值觀的尊重。這本書反映了我這 10 年中的成長之旅：藉由認識法式甜點，我認識了一個原本可能根本不會接觸的繽紛世界與身在其中的人們；而荷蘭的社會學研究思維，讓我能夠在試著爬梳每個現象背後的成因與可能造成的影響時，更深入、直接地去問「為什麼」。

　　Steve Jobs 在 2005 年為美國史丹佛大學畢業生致詞的時候，提到他休學，反而能去旁聽他真正喜歡的課，包括書法課，而這意外地促成了往後個人電腦中出現了各種字體與比例、間距、字型等。他對這段經歷的評論是：「Of course it was impossible to connect the dots looking forward when I was in college, but it was very, very clear looking backwards 10 years later. Again, You can't connect the dots looking forward; you can only connect them looking backward. So you have to trust that the dots will somehow connect in your future. You have to trust in something — your gut, destiny, life, karma, whatever. This approach has never let me down, and it has made all the difference in my life.」（當然，當我還在大學時，不可能把這些事件預先串成有意義的圖像。但是在 10 年後回顧，就能看到非常清楚的軌跡。再強調一次，你無法預知人生的事件將能拼出有意義的圖像；唯有回顧時，才能串連出有意義的軌跡。所以你們一定要相信，現在的點滴將來都會連成一線。你們得相信某些東西，不管是直覺、命定、人生，因果或其他種種。這方法從來沒有讓我失望，且它讓我的人生從此不同。）

12 年前的我究竟有沒有讀過這段話早已記不清，但就算有，估計也不可能如此篤定地做出每一個選擇。荷蘭指導教授給了我一本馬卡龍食譜書當作畢業禮物，但直到現在我才明白自己能做的比這本書更多。當我發現自己的經歷與分享的文字、照片，能夠帶給許多人力量時，才終於能對過去 10 多年反覆質疑的自我感到稍稍釋懷。我想謝謝這一路上雖有無限擔心，但最後總是選擇當我後盾的爸媽，曾經在無數個輾轉反側的時刻向我伸出援手、比我還要肯定自己的家人朋友們，以及一路上給我回饋的讀者。還要特別感謝大雁出版基地的董事長蘇拾平叔叔，如果沒有您在幾次關鍵時刻給了我對書、對事業、對人生的理解與建議，這本書跟我都不會是現在的樣貌。

最後其實要由衷感謝法式甜點，不僅讓我見證了那些點滴逐漸連成一線的軌跡，還看到了它們一起發光的瞬間。

目錄　Sommaire

Partie 1 甜點 La pâtisserie française

Chapitre 1 概念 Concepts-clés

Chapitre 2 內涵 Philosophie

前言

――

　　這本書最開始只是希望能夠將我的甜點專欄集結，並補充一些當時沒能寫到的主題，成為一本能大略介紹法式甜點概念與內涵的小書，甚至還考慮過是不是需要加入一些手作甜點食譜，讓讀者能夠從閱讀與實作兩方面一起認識法式甜點。但市面上法式甜點的食譜書，甚至是大師的食譜書已經汗牛充棟，可是能夠解析法式甜點內涵的卻屈指可數，所以我很早就放棄收錄食譜。2019 年年初讀到 Liz 的《Liz 關鍵詞：美食家的自學之路與口袋名單》，受到極大的啟發，我大幅修改了整本書的架構與概念，決定將視角往上拉，重新聚焦於一些更基礎、根本的議題。

　　這些年來台灣雖然法式甜點店愈開愈多，喜歡品嘗與手作甜點的人也是只增不減，但其實能夠清晰了解法式甜點精神、內涵的人仍然有限。飲食從來不只是進食與消化的過程，它濃縮呈現了非常複雜深邃的文化意涵；準備餐點的人也從來不僅是依照食譜將食物烹飪完畢盛盤，不管是烹調還是烘焙，成品都承載了創作者的世界觀與信念。誠然在品嘗食物與甜點時，有些美味會在當下就給饕客重擊，讓人不需思考就說出「好吃」，但它們之所以好吃，同樣也有著身世來歷、集聚了廚師與甜點師投入的心血。食客的口味除了個人主觀，也受到社會文化的淘洗。能夠在品嘗佳餚的同時，不僅說出好吃，還能由更多角度來欣賞它的獨到之處，理解「為什麼好吃」，便能將飲食體驗擴展到智識、情感與人生體驗，既開闊了自己的視野，也能對生產與創作者表達直接的支持與讚賞。

　　基於這樣的想法，我將本書分為「甜點」與「甜點人」兩大部分，前三章談法式甜點關鍵的概念、內涵與鑑賞，從究竟什麼是法式甜點、為什麼談甜點一定要談到法國、法式甜點製作邏輯與特色談起，一直到為什麼法式甜點需要鑑賞、又該從什麼角度鑑賞，並討論甜點作品是否可以和藝術品等同視之。後兩章，也就是第二部分，我詳細地介紹甜點產業中的各個角色與養成法，包含專業甜點師、生產業者、學校、顧問等，一直到傳統媒體與社群媒體，也涵蓋近年的明星主廚現象。在第五章的重點人物訪談中，我為讀者直接面對面專訪到目前全球甜點界最具影響力的幾位主廚與專業媒體，還有一位代表台灣，即將勇闖法國的主廚，希望能讓讀者更清晰地理解甜點作品如何反映主廚本人對食材、甜點與創作的觀點，並捕捉到當代法式甜點風潮。

　　我希望將這本書獻給所有華文世界對法式甜點有興趣，想要更加了解法式甜點的讀者。希望你們能和我一起探索法式甜點深奧廣闊的世界，體驗那些讓我由衷感動的時刻。

Chapitre 1

概念

Concepts-clés

1

1-1

為何談甜點不能不談到法國？

當代的法式甜點風潮方興未艾，不僅風靡台灣，也是全球風尚的領頭羊。但世界上的甜點那麼多，每個文化或國家都各有特色；究竟為什麼一提到甜點，總是把法式甜點放在第一位呢？甚至到了今天，法式甜點就跟法式料理一樣，幾乎已經成了全球甜點師都必須會說的語言、掌握了能否進入世界舞台的門票。這必須得從很久很久以前說起。

自從有文獻記載以來，「甜食」就讓人心醉神迷。甜味很自然地帶來愉悅感。在人類知道如何製造糖蜜與砂糖前，蜂蜜是最主要的甜味來源。西班牙瓦倫西亞附近的阿拉納洞窟（Cuevas de la Araña）與印度中部伯傑莫里（Pachmarhi）岩洞中的壁畫，都發現繪有我們老祖先冒險採集野生蜂蜜的情景。這些壁畫大概是在距今約 7,000 到 15,000 年前繪製，顯然無法抵擋甜蜜誘惑的弱點，確實

1 精緻華美的法式甜點引領全球潮流，制定甜點
界的遊戲規則。照片中是盧滕西亞酒店（Hôtel
Lutetia）在2019年巴黎「巧克力大展」（Salon
du Chocolat）的櫃位展出甜點主廚 Nicolas
Guercio 的下午茶甜點作品。

2 阿拉納洞窟中描繪人類祖先冒險攀岩、採集
野生蜂蜜情景的壁畫。（圖片來源：Wikimedia
Commons）

是刻在人類基因裡的。

　　喜愛甜食是人類的天性，甜味糕點也很早就在世界各地出現。但歐洲大量使用砂糖製造甜點的歷史並沒有東方長，因為在 19 世紀歐洲開始使用甜菜製造砂糖之前，甘蔗是唯一的製糖原料——可是甘蔗產於亞熱帶與熱帶，一直要到西元前 4 世紀左右，亞歷山大大帝（Alexander the Great, 356-323 BC）入侵印度，他手下的將軍發現「不需蜜蜂便能產出蜂蜜的蘆葦」（即甘蔗），才開始有少量的砂糖被帶往西方世界[1]。後來伊斯蘭帝國將甘蔗種植與製糖技術往地中海、義大利、北非等地傳播，再經過十字軍東征，砂糖才開始在歐洲世界流傳。

---

1 也有一說是西元前 500 年左右大流士大帝（Darius the Great，550-487 BC）進軍印度時，他手下的將軍發現的。

1 與許多美食傳說連在一起的凱薩琳皇后
　（Caterina de' Medicis, 1519-1589）。（圖
　片來源：WikimediaCommons。*Portrait of Catherine of
　Medici*, Uffizi Gallery）
2 經典法式甜點之一的「千層派」
　（millefeuiile），其折疊派皮的製作手法在
　17 世紀時就已出現。圖中是 巴黎甜點名店
　Pierre Hermé Paris 的「阿特拉花園千層派」
　（Millefeuille Jardin de l'Atlas）。

傳說只是傳說，義大利對法國的影響有限

　　由於阿拉伯人從西元 8 世紀起便攻入了西班牙南部，接下來幾乎控制了整
個伊比利半島，西班牙能夠大量地使用砂糖來烹飪與製作蜜餞、糕餅等，因此
西班牙當時豐富的糕餅種類位於全歐之冠。一直到 16 世紀初期，法國的廚師
和糕點師才開始佔上風。當時，義大利的樞機主教──亞拉岡的路易（Luigi
d'Aragona, 1474-1519）曾花了近一年的時間遊歷德國、瑞士、荷蘭、比利時、
法國等地，他的書記安東尼奧・德・貝阿提斯（Antonio de Beatis）將這段
旅程逐日詳細記錄下來，完成一本詳實反映文藝復興時期西北歐的社會、文化、
政治等面向的重要著作：《亞拉岡樞機主教 1517 － 1518 年的德國、荷蘭、比
利時、法國與義大利之旅》（*Voyage du cardinal d'Aragon en Allemagne, Hollande,
Belgique, France et Italie 1517-1518*）[2]。當他們旅行至在法國時，受到當時的法蘭西
國王法蘭西斯一世（François I, 1494-1547）盛宴款待，貝阿提斯在日誌中讚美
道：「在法國，我們可以嘗到美味的湯、餡餅、與各式各樣的蛋糕」[3]。

　　過去流傳甚廣，認為是從義大利嫁至法國的兩位梅蒂奇皇后——凱薩琳皇后（Caterina de' Medicis, 1519-1589）、瑪麗皇后（Maria de' Medicis, 1575-1642）——將義大利的糕點師傅與先進的烹飪技術帶入法國宮廷，並促進了法式高級料理與甜點興起的說法，如今已被歷史學家推翻了。義大利對法國甜點與廚藝技術的影響，其實相當有限。歷史有記載的，僅有凱薩琳皇后改了一些宴席的儀式，例如將原本「entremets」[4] 在兩道菜之間的獨幕劇改為跳舞等。文藝復興時期，「在阿爾卑斯山的另外一邊，提供『法國式』的餐點，就已經是最新流行」[5]，根據美國歷史學家菲利浦・海曼（Philip Hyman）與瑪麗・海曼（Mary Hyman）的統計，由義大利費拉拉（Ferrara）公爵阿方索一世（Alfonso I）的大廚克里斯多福・迪・梅西布（Cristoforo di Messisbugo）所著的《食譜大全》（ *Libro novo nel qual si insegna a far d'ogni sorte di vivanda* ），1564 年在威尼斯出版時，甚至有四分之三的食譜都是參考自法國[6]。

　　17 世紀時，出現了法國第一本糕點全書《法蘭西糕點師》（ *Le pâtissier François, 1653* ）[7]；在此之前，糕點製作方法多半祕而不宣。這本書中詳細記錄了各種麵糰的製作方法，可以用來製作肉派、餡餅等。還有許多新的食譜，如泡芙、海綿蛋糕、甜點奶餡、杏仁奶餡、蛋白霜等；最重要的是，本書中首次記錄了「千層派皮」（feuilletage）的食譜，多次折疊的手法和現代製作法如出一轍。

2　本書的法文版（1913）是根據一個 16 世紀的義大利手抄本翻譯而來，另外流傳最廣的德文版本 *Die Reise des Kardinals Luigi d'Aragona durch Deutschland, die Niederlande, Frankreich und Oberitalien 1517-1518* 則在 1905 年出版，英文版 *The Travel Journal of Antonio de Beatis through Germany, Switzerland, the Low Countries, France and Italy, 1517–8* 於 1979 年由 Hakluyt Society 出版。

3　法文版翻譯原句為「…en France, on mange de bons potages, des pâtés, et des gâteaux de toutes sortes.」

4　關於 entremets 一詞的演變，請見本書第 50 頁。

5　原文為「…il est du dernier chic, au-delà des Alpes, de proposer dans les menus tout un répertoire de mets 'alla francese'.」出自 *La très belle et très exquise histoire des gâteaux et des friandises* （Maguelonne Toussaint-Samat, 2004, Flammarion）, p.166. 此書已有中文譯本：譚鍾瑜譯，《甜點的歷史》，台北：五南文化。

6　出自《甜點的歷史》p.166, p.168（法文版）。

7　本書全名為 *Le pâtissier françois; où est enseignée la manière de faire toute sorte de pâtisserie, très utile à toutes personnes. Ensemble le moyen s'apréter les œufs pour les jours migres, & autres, en plus de soixante façons*。作者不詳，一般被認為可能是《法蘭西廚師》（ *Le cuisinier françois, 1651* ）的作者法蘭索瓦・皮耶・德・拉瓦漢（François Pierre de La Varenne, 1618-1678）所著。

18 世紀後名廚輩出，法式糕點發展達到高峰

18 世紀之後名廚輩出，法式甜點也在此時奠定其重要地位。知名主廚們紛紛創作出各種新奇的作品，也將自己的著作出版於世留下紀錄。世界上最早的明星主廚卡漢姆（Marie-Antoine Carême, 1784-1833）就是在這個時代誕生。卡漢姆被稱為「廚中之王、王者之廚」（le roi des chefs et le chef des rois），他發跡的故事完全可以拍成一部高潮迭起的連續劇集。他是一個出身於貧寒之家的棄兒，在遇到人生第一個伯樂──糕點師希利文・拜易（Sylvain Bailly）之後──職業生涯從此平步青雲。拜易慧眼看出卡漢姆的超凡才華，允許他前往店家附近的法國皇家圖書館（Bibliothèque royale）── 即現在的法國國家圖書館（Bibliothèque nationale de France）黎希留（Richelieu）館區── 的版畫陳列室，研究與臨摹世界各國的代表性建築物，然後用糖、杏仁焦糖脆片、蛋白霜等製作大型「甜點裝置藝術」（pièces montées）。這些以甜點元素再現的精巧建築，不僅妝點了拜易糕點店的櫥窗，更為卡漢姆找到了第二個伯樂。

卡漢姆隨後擔任拿破崙時期的首席外交官塔列宏（Charles Maurice de Talleyrand-Périgord, 1754-1838）的主廚，並隨其出訪維也納。在維也納會議（Congrès de Vienne）中，塔列宏舉辦的晚宴為法國爭取到了有利的條款內容；而在這些外交宴席上，卡漢姆美妙的糕點與甜點，以及壯觀奪目的裝置藝術無疑成為宴會中的要角。維也納會議結束後，不僅歐洲的版圖隨之改變，法式高級料理與糕點也進而改變了歐洲各國權貴的餐桌風貌與品味。卡漢姆之後還前往國外，為俄國沙皇與英國威爾斯親王（後來的喬治四世）服務，是名符其實的國際明星主廚。

卡漢姆的弟子居勒・古菲（Jules Gouffé, 1807-1877）繼承了他在甜點裝置藝術上的成就，更率先在甜點和料理的製作與食譜記錄中，導入了精確的計量、比例、烹飪時間、溫度等概念。在古菲之後，法式料理與甜點從此不再只是一項技術，而是一門科學。這位被稱為「裝飾料理使徒」（apôtre de la cuisine décorative）的大師，曾經在他的著作《料理之書》（Le livre de cuisine, 1867）的序言中寫道：「所有的基礎指示裡，沒有任何一項是在我眼睛離開時鐘、手中沒有秤的情況下制定的。[8]」

卡漢姆是世界上最早的國際明星主廚，也是法國糕點與料理史上最重要的主廚之一。（翻拍自 *Cooking for Kings: The Life of Antonin Careme, the First Celebrity Chef* [Ian Kelly, 2004, Walker Books]）

明星主廚卡漢姆　Marie-Antoine Carème

　　卡漢姆不僅是位糕點師，同時也是位偉大的主廚。他在拿破崙買下、由塔列宏主理，用來宴請重要外國使節的瓦朗塞城堡（Château de Valençay）中擔任主廚，並應塔列宏的要求，設計一整年不得重複且只能使用新鮮季節食材的菜單。卡漢姆順利通過試煉，並從此成為糕點與廚藝兩者兼長的大師。

　　卡漢姆整理基礎醬汁、制定四大母醬，以更輕盈的調味方式取代中世紀時期大量使用香料的食材處理法，更將法式料理完善成一個系統，留下重要的多部鉅作，如《巴黎皇家糕點師》（*Le Pâtissier royal parisien ou Traité élémentaire et pratique de la pâtisserie ancienne et moderne*, 1815）、《妙手生花糕點師》（*Le Pâtissier Pittoresque*, 1815）、《法國餐廳經理》（*Le Maître d'hôtel français*, 1822）、《巴黎廚師》（*Le Cuisinier parisien*, 1828）、《19世紀法國料理藝術》（*L'Art de la cuisine française au XIXe siècle*, 1833）等。他的食譜編寫不僅分門別類，也依照每一個食譜之間的關聯編排，有非常強的邏輯性。這也是為何在這之後，法式料理正式成為一門可以系統化學習、複製的烹飪藝術。此外，卡漢姆十分醉心建築藝術，他早年在皇家圖書館下的苦工，不僅讓他創造出驚人的「甜點裝置藝術」，出版一本幾乎是建築設計作品集的甜點裝置藝術書籍《妙手生花糕點師》，更讓他寫出兩本城市建築計畫書——《獻給俄羅斯皇帝亞歷山大一世的建築計畫》（*Projets d'architecture dédiés à Alexandre 1er, empereur de toutes les Russies*, 1821）與《美化巴黎建築計畫》（*Projets d'architecture pour les embellissements de Paris*, 1821），分別獻給聖彼得堡與巴黎。

卡漢姆在他的著作《法國餐廳經理》中，記錄他在歐洲各國操辦賓客動輒都是數千人的大型宴會的安排與食譜，圖中是一場大型宴會的餐桌布置示意圖，上方有許多大型甜點裝置藝術。（翻拍自 *Cooking for Kings: The Life of Antonin Careme, the First Celebrity Chef*）

古菲在 1873 年出版第一本有彩色插圖的糕點食譜書《糕點之書》（*Le livre de pâtisserie*），他在序言中不僅將上面那段話重複了一次，更明白指出糕點製作是一門講求精確的科學：「簡言之，成為好糕點師的訣竅可以用仔細觀測時間來概括：要靠鐘錶而不是靠天分。[9]」由於糕點比起料理更要求精準，古菲甚至斷言「一位好的糕點師極易成為優秀廚師，但從來沒見過廚師變成糕點大師的」[10]。

古菲之後，還有同樣以大型甜點裝置藝術知名，並擔任德皇威廉一世（Wilhelm I, 1797-1888）御廚長達 20 年，留下數十本著作、享譽全歐的烏爾班・居伯瓦（Urbain Dubois, 1818-1901）[11]，與曾擔任甜點名店 Ladurée 主廚，以及身兼歷史學家與理論家的皮耶・拉康（Pierre Lacam, 1836-1902）等，都是法式甜點史上的重要推手。這些主廚一方面促進了法式甜點的發展，另一方面也擔任文化大使的角色，向異國輸出法式甜點藝術。

法國大革命促進餐飲業興起、糕點店形成現代風貌

卡漢姆與古菲的時代，同時也是糕點業急速現代化的時代。1789 年法國大革命之後貴族崩解，原本受僱於貴族之家的廚師、糕點師們紛紛希冀在新浪潮中找到一席之地。開餐廳、糕點店成為一個自然的選項，巴黎的餐飲業因此大興，也有了具現代意義的糕點店。中世紀的糕點店內部是工作場所、毫無裝潢，店鋪向街道敞開，直接向過往行人販賣。一直到 17 世紀之後，糕點店才有內部裝潢，但當時的糕點店跟小酒館差不多，是顧客可以在裡面停留、交際與吃喝的場所。19 世紀的糕點店則已經和現在幾乎毫無二致：明亮的店鋪中擺滿了精美的甜點，有著令人神迷的櫥窗陳列；店內還有負責外場的專人服務，甚至可能陳設桌椅，讓顧客能當場品嘗或是享受輕鬆的下午茶時間。

法國第一本美食評鑑《老饕年鑑》（*Almanach des gourmands*）[12] 的作者同時也是現代美食評論先驅的黑尼耶（Alexandre Balthazar Laurent Grimod de La Reynière, 1758-1837），在 1808 年出版的第六期《老饕年鑑》中提到，糕點店在大革命後 30 年間的變化幅度之大，簡直讓人以為經過了整整一世紀：「現在這些糕點店四周以水晶玻璃櫥窗包圍，裝飾著最精緻、最顯眼的甜點裝置藝

---

8 原文為「Je n'ai pas rédigé une seule de mes indications élémentaires sans avoir constamment l'horloge sous les yeux et la balance à la main.」

9 原文為「…en somme, tout la science de celui-ci consiste dans l'observation de la pendule: c'est une question d'horlogerie plutôt qu'un don de la nature.」

10 原文為「Un bon pâtissier deviant aisément habile cuisinier, tandis qu'on n'a jamais vu de cuisinier devient grand pâtissier.」

11 居伯瓦最廣為人知的事蹟是引入了「俄羅斯式上菜法」（service à la russe），由侍者依序將菜餚端出，並在桌邊分成個人分量後再分給所有賓客。這種作法促進了桌邊服務，並讓所有人都能趁熱享用佳餚。以往的「法式上菜法」（service à la française），則是一次將所有的菜餚全部呈上桌，再由賓客自己選擇想吃的菜色與分量放在盤中。建立專業廚房編制、改良菜單等，被稱為近代法式料理之父的奧古斯特‧艾斯考菲（Georges Auguste Escoffier, 1846-1935）就是居伯瓦的高徒。

12 《老饕年鑑》（*Almanach des gourmands*）刊物全名為 *Almanach des gourmands: servant de guide dans les moyens de faire excellente chère; par un vieil amateur*。作者黑尼耶是法國與世界美食史上最具影響力的人物之一。他是富裕的貴族之後，原本是律師出身，但志不在此，後來繼承了父親的大筆遺產，便將其花在他更有興趣的文化、藝術、美食活動上。黑尼耶首創定期的美食評鑑會，聚集各界美食家品評餐飲業者的佳餚，然後將結果發表在《老饕年鑑》上，開啟美食評論與指南的嶄新文類。《老饕年鑑》這本刊物自 1803 至 1812 年共出版了 8 期。而「老饕年鑑」中譯名則是由中國現代知名學者錢鍾書（1910-1998）所譯。

Retournez le feuilletage de manière que la lisière soit toujours, en haut et en bas, sur le côté étroit.

Allongez de 150 centimètres et reployez de même.

Ce feuilletage s'emploie le plus communément à cinq tours (voir au Vocabulaire le mot *Tour*). Il faut laisser reposer le feuilletage tous les deux tours.

FEUILLETAGE FIN.

500 grammes de farine,
500 — de beurre,
40 — de sel,
250 — d'eau.

17. — Feuilletage. — 3ᵉ opération.

Même travail que pour le feuilletage à gâteaux.

Ce feuilletage s'emploie le plus souvent à six tours. On le laisse reposer tous les deux tours.

FEUILLETAGE A LA GRAISSE DE ROGNONS DE BOEUF.

500 grammes de farine,
500 — de graisse de rognons,
10 — de sel,
250 — d'eau.

古菲的《糕點之書》（*Le livre de pâtisserie*, 1873）中，詳細解釋了製作「千層派皮」的步驟。食譜分量精準、指示明確，並附上操作重點的插圖，是直到現在依然可供參考的食譜書。書中插圖是由畫家宏加（Étienne Antoine Eugène Ronjat, 1822-1912）所繪，宏加也負責古菲的《料理之書》插畫。
（圖片來源：Gallica.bnf.fr｜Bibliothèque nationale de France）

LE LIVRE DE PATISSERIE　　　　　　　　　　　　　Pl. II.

GATEAUX VARIÉS

1. Brioche. —2. Manqué. —3. Timbale de pâte d'amandes
garnie de crème et de fraises. —4. Croquembouche de génoise.
5. Nougat parisien. —6. Biscuit. —7. Sultane. —8. Breton.

《糕點之書》中的彩色插圖。圖中是 8 種不同的糕點，最上層中央是「布里歐許」（brioche）。
（圖片來源：Gallica.bnf.fr｜Bibliothèque nationale de France）

1 位於羅浮宮旁邊的皇家宮殿（Palais Royal）及周邊區域，在法國大革命之後，成為巴黎著名的美食區。黑尼耶曾經在《老饕年鑑》創刊號中以〈美食之旅：老饕的巴黎漫遊〉（l'Itinéraire nutritif ou Promenade d'un Gourmand dans divers quartiers de Paris）為題，詳細敘述了當時皇家宮殿周邊知名的咖啡館與餐廳。《高 & 米歐》美食評鑑（Gault & Millau）在 1970 年出版的《法國美食指南》（Guide Gourmande de la France）中，便依照黑尼耶的敘述，繪製了皇家宮殿附近的美食地圖，重現昔日盛景。（翻拍自 La France gastronome: Comment le restaurant est entré dans notre histoire）

2 19 世紀位於巴黎香榭麗舍大道附近的甜點店 Pâtisserie Gloppe。畫家讓・貝侯（Jean Béraud, 1849-1935）細膩地描繪出當時店內細緻高雅的室內裝潢、美味糕點的陳列，以及仕女們愜意享受下午茶的情景。（圖片來源：La pâtisserie Gloppe, Béraud, Jean, Paris Musées / Musée Carnavalet, Histoire de Paris）

術品；大理石做成的櫃檯、鏡子、蔓藤花紋、優雅的油燈…… 工作場所完全被隱藏起來，如果不是因為展示的樣品提醒，我們甚至會以為處在一間明亮的咖啡館、而不是在糕點店裡。[13]」

當時知名的糕點主廚們除了自己開店之外，更經常接單外燴，為新興的資產階級（Bourgeoisie，或譯為布爾喬亞）製作訂製糕點、操辦宴會等。卡漢姆與第二任糕點店雇主簽訂的合約中，甚至明列他可以在店內工作之餘接「額外工作」的案子，儼然是最時髦的自由工作者[14]。

巴黎的甜點風格塑造了當代法式甜點

在法國大革命之後 20 年間，根據統計，巴黎的糕點師從業人數上升了一倍之多，更出現許多知名的店家。當時的皇家宮殿（Palais Royal）附近有著名的美食區，前面提及卡漢姆的雇主拜易的糕點店就位於美食區的薇薇安街（Rue Vivienne）上。而卡漢姆在離開拜易與第二個雇主之後，也於 1803 年末在不遠

的和平街（Rue de la Paix）上開了屬於自己的糕點店，直到 1813 年歇業。卡漢姆曾經在他的回憶錄中，說起當時巴黎糕點店生意興隆，糕點師手藝蒸蒸日上的情景：「當想要忘記焦慮煩憂時，我會在巴黎四處看看。我欣喜地發現糕點店變多也變好了，這情景在我工作和出書之前並不存在。[15]」在卡漢姆去世 13 年後，他的弟子古菲也在聖多諾黑區街（Rue du Faubourg Saint-Honoré）上

---

13 原文為「Aujourd'hui ces même boutiques fermées en verre de Bohême, dans lesquelles on voit en montre
14 les pieces montées les plus délicates et les plus appaentes; les comptoirs en marbre, des glaces et des peintures arabesques, , d'élégants quinquets, le lieu du travail tellement masqués, que, sans la nature des montres, on se croiroit plutôt dans un brilliant café que dans la boutique d'un pâtissier, etc.」
出自《甜點的歷史》p.223（法文版）。

15 原文為「Lorsque, pour oublier les envieux, je vais promener mes regards dans Paris, je remarque avec joie l'accroissement et l'amélioration des boutiques de pâtissier. Rien de tout cela n'existait avant mes travaux et mes livres.」這段話出自於 *Les Classiques de la table , petite bibliothèque des écrits les plus distingués, publiés à Paris sur la gastronomie et la vie élégante, ornés de portraits,… d'après Paul Delaroche, Ary Scheffer,…: Par Henriquel Dupont, Blanchard fils,… etc., etc, Volume 1*（1845, augmentée）第三章〈Pâtisserie〉，p.261。

開了自己的店面，而且大獲成功，在全盛時期一共雇用高達 28 位糕點師。

巴黎的糕點業在 19 世紀進入黃金年代。原本甜鹹糕點兼做的店家，自 19 世紀中後逐漸集中製作甜點，成為名副其實的「甜點店」。再加上「下午茶」（thé）習慣的風行，搭配大紅的咖啡、巧克力等異國風情的飲料，甜點店和下午茶沙龍蓬勃發展。有些店家將 17、18 世紀發明的作品加以改良，開始向一般民眾販賣；也有些店家和甜點師利用基礎食譜創造新作品。巴黎的甜點傳遍法蘭西並進軍世界，最終成為代表法國的甜點。「千層派」（millefeuille）、「修女泡芙」（religieuse）、「聖多諾黑」（Saint-Honoré）等經典，都是在此時誕生的。

形式、內容、概念皆為潮流先驅，法式甜點成為官方語言

卡漢姆在他生前最後一部著作《19 世紀法國料理藝術》第二部開頭的作者箴言中，洋洋灑灑寫了數十頁對美食、餐飲、廚師、侍者、東道主等的觀察與思索，超過百條，其中第一條開宗明義就說：「法國是東道主的祖國，其料理與酒共同促成了美食上的輝煌成就。她是這世界上唯一一個美食國度，即使是外國人也深信不疑。[16]」卡漢姆的語氣雖然顯得非常狂妄，但是他對法國料理的自信和熱愛，和所有法國主廚們、甚至所有法國人都相同。將法式料理與廚房變成整個西方餐飲標準的奧古斯特・艾斯考菲（Georges Auguste Escoffier, 1846-1935），也是熱切的法國料理信徒。他認為法國有著最好的蔬果、最好的酒、最好的肉類及海鮮，而且因為法國長久以來有著熱愛美食與生活的文化傳統，很自然地成為美食家與優秀廚師的搖籃。

法式甜點和料理繼承相同的文化傳統，過去身兼偉大廚師的法國甜點師自然也有相同的自信。綜觀歷史，法式甜點在發展過程中形成其獨一無二的特色：歷經百年的宮廷與外交場合洗禮，大幅擴充其表現方式、內容與外型都更加豐富與精緻；再經過大革命時期的變革，不同於家庭樸實風格的高級甜點開始向資產階級與一般民眾擴散，形成如今對法式甜點精緻華麗的高貴印象。但更重要的也許是：在法國，甜點不僅僅是「點心」，它更孕育了能夠左右政治外交、影響社會文化的能量；其裝飾與藝術性質，更遠遠超越「食用」的功能，這在全球的脈絡下看來確為世所僅見。到了當代，隨著技術的發展與人才輩出，以

經過數百年的發展形成精緻特色,且擁有影響社會文化、甚至政治能量的法式甜點,到了當代仍然持續形塑全球甜點界的樣貌。圖中是全球知名法式甜點品牌 Pierre Hermé Paris 的甜點櫥窗。

及始終強勢的文化輸出,法式甜點一直走在世界潮流的前沿。和法式料理一樣,法式甜點如今就是甜點界的官方語言。甜點師如果希望能站到世界舞台上,也必得流利地使用這個語言來闡述自己的故事與思想哲學。

---

16 原 文 為「La France est la mère-patrie des Amphitryons; sa cuisine et ses vins font le triomphe de la gastronomie. C'est le seul pays du monde pour la bonne chère; les étrangers ont la conviction de ces vérités.」19 世紀法國開始形成一種對本國料理、餐飲充滿自豪的民族主義(nationalism culinaire), 將其神聖化,認為法國料理是是全世界最好的料理。卡漢姆正是這樣的代表。他在 1822 年出版的《法國餐廳經理》第二冊中已有過類似的表達:「法國真的是烹飪藝術的祖國,也是世界上唯一一個聚集了人類生活所需最豐盛、最多樣物產的國家。」(原文為 La France est véritablement la mère patrie de l'art culinaire, et le seul pays au monde qui réunisse avec le plus d'abondance et de variété, les productions nécessaires à la vie de l'homme.)

1-2
甜點對法國人來說有多重要？

走在巴黎街頭，很容易會注意到佇立在街角的麵包甜點店（boulangerie-pâtisserie），櫥窗裡的蘋果塔（tarte aux pommes）、閃電泡芙（éclair）、千層派等，每一樣都像在向路過的人招手。在餐廳吃飯，主菜完食後，侍者前來收拾餐具，除了問是否一切滿意之外，一定也會問饕客是否要來點甜點、咖啡。如果你說不用，對方還會好奇地再次確認：「真的不用嗎？」

不論宴席或生活，甜點都不可或缺

「從古至今，甜點都象徵著不可或缺的多餘與奢侈，和生活的樂趣緊密相連。[17]」——安妮・佩里耶侯貝（Annie Perrier-Robert）。

1 在巴黎一不小心就會陷入甜蜜陷阱。照片
中是麵包甜點店 Boulangerie-Pâtisserie
Vandermeersch 的甜點櫥窗。
2 在台灣，餐後以水果代替甜點更為普遍。照片
中是台南泰成水果店的招牌哈密瓜冰。

　　甜味使人感到愉悅，喜愛甜食是人類的天性，當然不會只有法國人愛吃甜
點。在台灣，飯後享用水果非常普遍。雖然台灣人餐後吃的並非蛋糕或甜點，
但是用甜味來為一餐畫下完美句點，卻和法國人相同。在砂糖尚未普及，蜂蜜
是奢侈品的時候，水果就是最容易取得、也最自然的甜點。使用蜂蜜、麵粉等
製成糕點，或是加入各種乾燥、新鮮及燉煮水果等組成一餐，從歷史有記載時
開始，就是西方常見的做法。希伯來人使用椰棗製成糖漿、蜜餞與烘餅；埃及
的貴族陵墓中發現蜂蜜小圓餅與糖煮無花果，古埃及文中有 15 個關於糕點的詞
彙；希臘人有超過 80 種糕點；羅馬人吃各種甜粥、布丁、果乾、淋了水果糖
漿的煎麵包等 [18]。

17 原文為「…que les douceurs, qui, de tous temps, devaient représenter l'indispensable superflu, lié aux
　　plaisir de la vie.」出自《甜點辭典：糕點、小點與其他甜食》（*Dictionnaire de la gourmandise: Pâtisseries,
　　friandises et autres douceurs*, Annie Perrier-Robert, 2012）p.877 中的「糕點」（pâtisserie）詞條解釋。這本
　　甜點辭典的作者安妮・佩里耶侯貝（Annie Perrier-Robert, 1943-）是法國知名飲食作家，有多本關於美
　　食學（gastronomie）的著作，其中很大一部分著重於其歷史與傳統。
18 可參考《甜點的歷史》一書中〈Entremets ou desserts? Et pour le goûter?〉一章（法文版）。

到了中世紀的法國，許多關於宴席的文獻清楚地記載了當時餐後甜點的種類和呈給賓客的順序，反映其受到重視的程度。文藝復興時期砂糖逐漸普及，之後又加入從新大陸傳來的可可、香草、咖啡等，很自然地，餐後甜點也越來越豐富和精細。1653 年 1 月 20 日查理九世（Charles IX, 1550-1574）頒布一條法令，規定富裕人家中的餐後點心「不得超過 6 道水果、塔、糕點、乳酪……[19]」以約束豪奢的飲食風氣。此法案在該世紀末之前被重提了 6 次之多，卻始終沒有收到什麼成效。1668 年出版的《保健之書》（*Exercitationes hygiasticae* [20]）中，提到了一份由 8 道菜組成的菜單，其中第 6 到第 8 道菜全是各種點心與甜食——

第 6 道：炸麵包、酥皮蛋糕、餡餅、各色果凍、牛奶布丁、芹菜、刺菜薊；

第 7 道：各種水果——新鮮的、燉煮的、以糖霜飾的。奶餡、糕點、新鮮杏仁、糖漬核桃；

現代人看似有許多選擇，但中世紀的甜點多樣化的程度感覺也不遑多讓呢！照片 1 與 2 分別是巴黎莫里斯酒店（Le Meurice）達利廳（Restaurant Le Dali）與凱悅羅浮宮酒店（Hôtel du Louvre）的各種下午茶甜點。

第 8 道：水果軟糖、果醬、杏仁膏、醃漬品、糖霜餅乾、糖煮茴香、杏仁糖。[21]

　　甜點占了菜單超過三分之一篇幅，種類又如此豐富，顯然和主菜相比，即使地位沒有不相上下，也是宴席中絕不可少的重要角色。

　　餐後甜點在高級宴席中不可或缺；而對一般人來說，糕點也與生活密不可分。塔、各種餡餅、炸麵包、「酥餅」（oublie）[22] 等，在庶民生活中都很常

---

19 原文為「ne devait pas comporter plus de six plats de fruicts, tartes, pasticeries, ou fromaiges…」出自《甜點的歷史》p.25（法文版）。

20 *Exercitationes hygiasticae, sive de sanitate tuenda et vita producenda libri XVIII* (Petri Gontier, 1668, Lugduni: Sumptibus Antonii Iullieron)。是 17 世紀時一本關於健康與醫療的書籍。

21 原文為「Sixième service: Beignets, gâteaux feuilletés, tourtes, gélées de diverses couleurs, blanc-manger, céleris, cardons. Septième service: Fruits de toutes espèces, crus, cuits, glacés au sucre, crèmes, pâtisseries, amandes fraîches, noix confites. Huitième service: Confitures sèches et liquides, massepains, conserves, biscuits glacés, fenouil confit au sucre, dragées.」出自 *Histoire de l'alimentation et de la gastronomie depuis la préhistoire jusqu'à nos jours : Illus. documentaires TOME II* (Alfred Gottschalk, 1948, Éditions Hippocrate), p.175。

22 「酥餅」（oublie）是中世紀時最普遍的一種糕點。製作酥餅的「酥餅師」（oublieur）便是「糕點師」（pâtissier）的前身，在本章第四節會進一步談到。

1 主顯節和家人朋友一起吃「國王派」（galette des rois），在其中尋找帶來幸運的小瓷偶（fève），也是法國人不可少的節慶習俗。

2 Angelo Musa 主廚為巴黎雅典娜.廣場酒店（Hôtel Plaza Athénée）創作的 2020 年國王派作品。

3 法國人耶誕節必吃的「木柴蛋糕」（bûche de Noël），已經從傳統模擬木柴的表現方式超脫，成為各位甜點主廚比拼創意的競技場。照片中是 Jérémy Del Val 主廚為老店 Dalloyau 設計的 2019 年聖誕節蛋糕「Oh Sommet」，以位於雪山頂峰的薑餅屋為造型，因為「Oh Sommet」與法語「登上顛峰」（au sommet）諧音。

見。平常的日子裡有點心，節慶時當然更不能忽略。想要用誘人、甜美的食物凸顯節慶的重要性、或是以美味的供品獻祭給諸神，以表示敬意或感謝，並祈求神祇再次降恩等，在任何文明中都可見。在法國，許多糕點也很自然地與節慶、宗教民俗等相連。譬如「酥餅」也是在彌撒時獻上的聖餐麵餅，慶祝主顯節（le temps des Rois）時會吃「國王派」（galette des rois）與「國王蛋糕」（gâteau des rois），耶誕節時各地有特色糕點（到了 20 世紀則出現「木柴蛋糕」（bûche de Noël），2 月聖燭節（Chandeleur）會吃可麗餅（crêpe）與炸麵包，香料蛋糕則被用來向聖尼古拉斯（Saint Nicolas）致敬等。這些不同的糕點一起構成了法國的美食遺產，許多甜點甚至在法國各地不同區域都有自己的特色版本，譬如蘋果塔中的蘋果在亞爾薩斯（Alsace）會放入大量的肉桂，在諾曼第（Normandie）則會以蘋果酒浸漬，而在索隆（Sologne）地區則是將蘋果焦糖化、並反轉過來烘烤 [23] 等。

甜點的性別政治

　　從古至今，喜愛甜食都被認為是女性特質，因為女人和小孩一樣，特別對甜食沒有抵抗力，甚至美食家們認為女人的口味幼稚、缺乏鑑賞美食的能力[24]。19 世紀那一票美食評論家的開山祖師，包括黑尼耶、薩瓦蘭（Jean Anthelme Brillat-Savarin, 1755-1826）[25] 等，在他們的論述中也特別將甜食與女人連結。黑尼耶認為「甜點的安排特別能討小孩和美女的歡心，而在這一點上，兩者一樣幼稚」[26]，所以美食評鑑的盛宴應該排除女人，他甚而因此改了自己的刊物名稱[27]；薩瓦蘭則認為精緻小點心、輕食、果醬、糕點等的設計是為了「顧及女人及和她們相似的男人的需求」[28]。

　　這些以美食論述建立了法國「美食學」（gastronomie）與「法國是世界最棒的美食國度」印象的美食評論家們，將對甜食的喜好指向象徵弱勢、幼稚的性別與年齡，並把甜點（甚至是具有裝飾性的甜點，如糖雕塑等）稱之為「不值一提的小玩意」（colifichets）[29]。但恰恰是這些小玩意，在同年代的維也納會

1 位於巴黎的瑪摩丹莫內美術館（Musée Marmottan Monet）中，藏有《老饕年鑑》作者黑尼耶畫像（上圖），由法國 18、19 世紀的知名畫家路易里歐波・波利（Louis-Léopold Boilly, 1761-1845）所繪。

2 不論在古今中外，甜食似乎一直與女性形象緊密連結。照片中是巴黎甜點店 Mamie Gâteaux 的大黃塔。

3 法國知名拉糖藝術家 Stéphan Klein 的拉糖雕塑作品，以龜兔賽跑為靈感，風格絢麗奇幻。

23 「反轉蘋果塔」（Tarte Tatin）以美食史上的美麗錯誤與意外知名。據說是在索隆區的拉莫特－波馮（Lamotte-Beuvron）小鎮，塔當姊妹（les sœurs Tatin）一起經營的「塔當旅館」（Hôtel Tatin），某天負責製作甜點的史黛芬妮（Stéphanie）因冒失而將蘋果塔掉到地上、上下顛倒；也有一說是她開始烤蘋果後才想起忘了塔皮、後來加在上方補救。但傳說並非為真，將蘋果或梨子加上奶油、糖烘烤，上覆塔皮或酥皮的「反轉塔」製作方式，本就是索隆與奧爾良（Orléans）地區的古老特色。1926 年美食評論家賽雍（Maurice-Edmond Sailland，1872-1956，人稱柯農斯基 [Curnonsky]）將反轉蘋果塔放入他周遊法國後撰寫的《美味法國》（La France gastronomique）鉅著，並附上食譜；50 年代時，美心餐廳（Maxim's）將其拿出來冷飯熱炒，還編造了餐廳老闆不惜派出間諜至塔當旅館、以園丁身分被雇用，並從史黛芬妮手中「偷」到食譜與做法的聳動故事，從此反轉蘋果塔之名才響遍全法。

24 本段的論點與範例參考 Gourmandise: Histoire d'un péché capital（Florent Quellier, 2013, Armand Colin）第六章。此書已有中文譯本：徐麗松、陳蓁美譯，《饞：貪吃的歷史》，台北：馬可孛羅。

25 法國知名美食家。其論述味覺、美食與人類生理變化相關的著作 Physiologie du goût（直譯為《味覺生理學》）極受歡迎，被翻成各國語言並再版多次。此書已有中譯本：李妍譯，《美味的饗宴：法國美食家談吃》，台北：時報文化。本書第三章會再度介紹他。

26 原文為「…plaît aux enfants et aux jolies femmes, qui sont sur ce point aussi enfants que les enfants.」

27 黑尼耶曾經推出一本月刊《美食家與美女報》（Journal des gourmands et des belles），從 1808 至 1815 年共發行 81 期，後來認為雖然美食家們「隨時樂意讚頌美女們，也為她們做了一些歌曲，但不能讓她們與我們的盛宴扯上關係。」（原文為 Toujours prêts à fêter les Belles, auxquelles nous consacrons une partie de nos chansons, il ne nous est pas possible de les associer de nos banquets.），因此將這本刊物改名成《法國饕客，或現代酒吧的晚餐》（L'Épicurien français, ou les Dîners du Caveau moderne）。

議中吸引了各國外交使節的關注，為法國贏得了有利條件，並影響了歐洲其他國家的高級餐飲。當時操辦塔列宏宴席，端出種種驚人的甜點裝置藝術的天才主廚卡漢姆，曾經這樣形容他心目中的糕點：「藝術有 5 種形式：繪畫、雕塑、詩歌、音樂與建築，而建築最主要的分支就是糕點。[30]」

　　美食家的評論或囿於見識、眼界與當時社會文化的觀點，但從甜食在人類歷史中始終佔據重要地位，且糕點業在 19 世紀大興，一直蓬勃發展至今，甚至成為法國文化代表之一的事實看來，對甜食的喜好其實根本沒有性別分野。不管是黑尼耶還是薩瓦蘭，都在各自的代表作中描述了當時甜點店極受歡迎的情形。黑尼耶以恍如身在夢中的口吻，詳細敘述了甜點店令人流連忘返的高雅裝潢，也提到糕點業在大革命後大幅發展的狀況；而薩瓦蘭則預測未來將會有更多與糖相關的新興產業。想來這兩位美食評論家在宴席中，大概也從未拒絕過侍者的詢問、放棄那些精美的糕點和令人身心都獲得慰藉的甜美滋味，說不定也曾在夢中小心翼翼地藏好一個填滿香草巴伐露亞奶餡的夏洛特蛋糕（charlotte[31]）呢！

28　原文為「C'est une modification introduite en faveur des femmes et hommes qui leur ressemblent.」出自《味覺生理學》。

29　此言出自於黑尼耶，可參考《饞：貪吃的歷史》（Gourmandise: Histoire d'un péché capital）第六章。

30　原文為「Les beaux arts sont au nombre de cinq, à savoir: la peinture, la sculpture, la poésie, la musique et l'architecture, laquelle a pour branche principale la pâtisserie.」出自卡漢姆的《妙手生花糕點師》。

31　我們如今熟知由「手指餅乾」（biscuits à la Cuillère）包覆「巴伐露亞奶餡」（crème bavaroise）再冷藏定型的「夏洛特蛋糕」，是卡漢姆的名作。他在英國服務當時的攝政王、未來的喬治四世時，發現了英吉利海峽對岸流行的甜點，將其精緻化，創造出了夏洛特蛋糕，並命名為「巴黎夏洛特蛋糕」（Charlotte à la Parisienne）。

《老饕年鑑》第六期的卷首插圖,題為「老饕之夢」(Les Rêves d'un Gourmand),生動地描繪了美食為人帶來的愉悅和滿足感。畫中老饕床後的架子上推滿了各式各樣的甜點。

1-3

「pâtisserie」、「dessert」、「goûter」，who's who？

許多讀者在閱讀各種食譜譯作或相關資訊時，一定會為各種翻譯名詞感到困惑。究竟為什麼有時候書中是寫「糕點」，有時候是寫「甜點」，還有的時候會看到「甜品」呢？它們是指一樣的概念嗎？如果不一樣，又到底有什麼分別呢？其實這個問題也困擾我好一陣子，不管是寫文章、還是審訂、推薦書時，都要煩惱一次。

由於東西方的甜點製作方法、用餐習慣與發展脈絡完全不同，中文裡非常缺乏能夠明確定義與對照西方甜點的詞彙，所以經常在翻譯時左支右絀、模糊不清，例如不管是 biscuit、cake 或 gâteau 都可能譯為「蛋糕」[32]。以下我試著從法文的定義與歐洲甜點的發展歷史出發，簡要解釋「pâtisserie」與「dessert」的不同，並說明本書中的中文詞彙用法。

1 巴黎甜點店 MORI YOSHIDA 的甜點櫥窗。它們算是「pâtisserie」還是「dessert」呢？

2 MORI YOSHIDA 的「可麗露」（canelé）與「迷你油桃塔」（tartelettes aux nectarines）。像這種牽涉到「甜麵糰」（pâtes sucrés）製作的糕點，就是典型的「pâtisserie」。

「pâtisserie」 與 「dessert」，到底哪個才能代表「甜點」？

　　法文中「pâtisserie」這個字，嚴格說來使用「糕點」來對應是比較合適的。根據《甜點辭典》第 877 頁的解釋，在大約 14 世紀時，「pâtisserie 意指甜點（gâteaux）與餡餅（pâtés）的製作，後來演變為代表這些製作物本身，包含甜與鹹」。但是，書中進一步指出「從 19 世紀開始，這個字特別用來專指甜麵糰（pâtes sucrées）的調理。（同義詞：甜點〔gâteau〕）也就是說，「pâtisserie」這類食物一開始指的是用水、麵粉、乳酪製作的麵糰中，包著煮成糊狀的肉、

---

32 gâteau（複數：gâteaux）一詞在《甜點辭典》內的定義為：「一塊甜點。在甜點店中販賣的產品，例如塔（tarte）、磅蛋糕（quartre-quarts）、長條型蛋糕（cake）等。此單詞也用來表示某些甜的法式海綿蛋糕（biscuits sucrées）。」題外話，這麼多東西都稱為「蛋糕」，你是否也發現中文的甜點詞彙根本不夠用了呢？

魚、水果等烤成的餡餅，因此甜鹹都有 [33]。在歐洲於 11 世紀開始種植甘蔗、了解砂糖的製作之前，蜂蜜是唯一能使用的甜味劑，因而鹹味的糕餅一直都占有重要的地位。但隨著糖的使用普及，特別是歐洲在拿破崙戰爭（1803-1815）期間，甜菜工業迅速發展，歐洲的食糖能夠自給自足，糕餅業進入黃金時期，各種含糖的產品紛紛被製造出來。從 19 世紀開始，「pâtisserie」的字義逐漸變為特別指甜麵糰的相關製作。

那「dessert」呢？這個字指的是在正餐結束後上桌的甜的菜式，可以是「pâtisserie」，也可以是「entremets」——這個字接下來會討論。「dessert」是從中世紀的「desservir」這個動詞發展而來，意指將宴席撤收、整理一餐桌，這點出了「dessert」上場的時機：即在正餐結束之後。因此，將「dessert」譯為「餐後甜點」是比較合適的。至於「entremets」，從法文的字面來看，是「在兩者之間」（entre）加上「菜餚」（mets），也就是「在兩道菜之間」（entre les mets）的意思。「entremets」這個字最早是指中世紀時宴席裡的中斷時間，此時會有演員、音樂家等表演娛樂賓客。到了 14 世紀時，「entremets」開始

1 有「果醬女王」之稱的克莉絲汀・法珀（Christine Ferber）在她的糕點店中販賣許多夾了肉餡、乳酪等的鹹餡餅，這就是「糕點」（pâtisserie）一詞最早指稱的產品。

2 巴黎一星餐廳 Neige d'été 一道以蜜桃為主題的餐後甜點，使用趁熱捲成環狀定型的糖片將雪酪盛裝其中。這個甜點中完全沒有用到任何的麵粉與麵糰，而是一個在餐後上桌的「盤式甜點」（dessert à l'assiette）。

表示在這段時間裡，向地位高貴的賓客或是君主獻上的額外菜餚 [34]，通常是在烤肉後、各類甜點之前。接下來由於菜式演變愈趨簡化，「entremets」逐漸取代了「dessert」的意涵。到了當代，「entremets」的範疇再度限縮，從原本包含熱、冷、冰三種類型的各式甜點逐漸成為專指「一種以牛奶或鮮奶油為基礎做出的甜點，由多層的海綿蛋糕與奶餡製成」，也就是如今的「法式蛋糕」，包含不同主廚自行創作的慕斯蛋糕、經典的「歌劇院蛋糕」（Opéra，台灣食

---

33 事實上，比起甜餡餅，鹹的餡餅可能還占大宗。根據《甜點的歷史》p.43（法文版）引述 *Dictionnaire de l'ancienne langue française et de tous ses dialectes du IXe au XVe siècle*(Frédéric Godefroy, 1881-1902) 的說法，在古法語中，「pasté」（即現代法語中的 pâté）意為「剁碎的肉類、野味或魚肉」。後來將肉餡做成香腸、裹上麵粉烘烤或烹煮，變成像肉餡捲一樣的食物，就是最早的「餡餅」（pâté）。《甜點辭典》也提到，中世紀時，糕點師們開始製作與販賣用麵皮包裹著乳酪、肉餡、魚肉餡的餡餅，因此才得名為「pâtissier」（13 世紀末時，稱為 pâstaiers）。

34 出自中世紀宴席專家布魯諾・洛里歐（Bruno Laurioux）的文章〈Banquets, entremets et cuisine à la cour de Bourgogne〉。該文收錄在 *Splendeur de la Cour de Bourgogne* (Danielle Régnier-Bohler, 1995, Robert Laffont), p.1027-1127。

譜有時會譯為「歐培拉」或「歐貝拉」）、「法式草莓蛋糕」（fraisier），甚至大型、可多人分食的「聖多諾黑」、「蒙布朗」（Mont-Blanc）等，都屬於「entremets」範疇。

　　快速檢視了「pâtisserie」與「dessert」的字義之後，可以比較清楚地分辨兩者不同，前者指向原料「麵粉」與「麵糰」的製作基礎，後者則暗示了享用的時機。將「pâtisserie」譯為「糕點」、「dessert」譯為「餐後甜點」，是最能夠切得乾淨清楚、毫無懸念的方式。然而，「pâtisserie」的起源雖然與穀物和麵糰有關，但加入了甜味，便逐漸脫離了僅僅作為食物、用來填飽肚子的範疇，和「享樂」（plaisir）產生了連結。如今，「pâtisserie」多半是甜的，且由於產業發展、類別愈趨廣泛，許多「pâtisserie」很可能根本不含任何麵粉和麵糰，例如「蛋白糖霜餅」（meringue）[35] 與「無麵粉巧克力蛋糕」（gâteau au chocolat sans farine）；「pâtissier」則是製作各種甜，包含糖、巧克力和冰淇淋的甜點師[36]。而且在華文世界中，「甜點」也較「糕點」更為口語且使用廣泛。因此，我傾向用「甜點」來取代「糕點」，特別是在當代的語境中談到包含全局的大概念時。在本書中，當「pâtisserie」特指「糕點」時，中文會直接使用「糕點」代稱。（特別在敘述 19 世紀中後期以前的情形）如果「甜點」和「糕點」兩者同時出現、需要區隔時，我也會特別說明，或以加入原文的方式區隔。

　　「Pâtisserie」與「dessert」兩者之間是否有互相重疊的部分呢？當然有！因為「dessert」可以由各種甜食，搭配不同表現方式組成，所以在享用「dessert」時，裡面也有可能出現「pâtisserie」。而「pâtisserie」因為在當代也被延伸當成整個「甜點類」，所以「dessert」會變是其中一個子類別；通常在各種「聖經與百科大全」類型的法式甜點食譜書[37] 中，便包含「dessert」。

　　一般在閱讀中文翻譯食譜和相關文章時，較常看到混用「pâtisserie」與「dessert」，一概稱之為「甜點」。如果僅在中文語境閱讀，還勉強可以互相

Christophe Michalak 主廚的同名甜點店 Pâtisserie Michalak 的甜點櫃。照片中的「法式草莓蛋糕」（Fraisier）與它左邊做成長方形、重新詮釋檸檬塔的「柚子綠檸檬塔」（Klassic - Yuzu Citron Vert），都屬於「entremets」範疇。

參照，因為「餐後甜點」的文化在我們的社會中還未正式化。但此時如果需要從中文翻譯為英文（例如書名、菜單、雙語雜誌等），細心的翻譯者就需要傷腦筋了。不過台灣有些專業的翻譯食譜出版社在此處非常嚴謹，在他們的出版品中，只要是「pâtisserie」都一律翻譯為「糕點」，連帶地「pâtissier」則會翻譯為「糕點師」、「dessert」則譯為「甜點」。至於「甜品」，則在香港的中文使用裡比較常見，被當成一個概括大部分甜食的詞彙，「甜點」則和「糖水」一樣，比較像是其中一個子分類。

35 20 世紀初因為戰爭的關係，許多原物料的生產受限，很多糕點與麵包無法製作，沒有麵粉的甜點也因此誕生。例如在第一次世界大戰時，蛋白糖霜餅異軍突起，更成為新貴階級證明自己品味不凡的象徵。出自 *La Vie quotidienne en France pendant la Grande Guerre* (Gabriel Perreux, 1966, Hachette)。

36 糖、巧克力、冰淇淋等其實是非常專業的類別，在法國需要分別取得職業證照。甜點師由於工作內容需要全部都接觸到，因此必須有基礎的了解，但不見得能夠達到非常深入且專業的水準。

37 例如巴黎斐杭狄法國高等廚藝學校（FERRANDI Paris, l'école française de gastronomie et de management hôtelier）出版的 *Pâtisserie* (FLAMMARION, 2017)。此書有中文譯本：林惠敏譯，《糕點聖經》I、II，台北：大境文化。

巴黎中式甜品店 T'XUAN 糖軒的港式甜品「楊枝甘露」，是以葡萄柚、沙田柚、芒果、西谷米、鮮奶油和糖水製成的甜湯。

「下午茶」（goûter）是現代法式甜點發展的推手？

　　既然提到「餐後甜點」（dessert），法文中還有另外一個跟甜點享用時機有關的詞彙「goûter」，也很值得聊一聊。相較於「dessert」的宴席背景，「goûter」的起源是相對平民的，它指的是在午餐和晚餐中間的「下午茶」。在中世紀時，人們多半在上床睡覺前會吃一頓很晚的「晚餐」（souper），所以在「午餐」（當時稱之為 dîner）之後、傍晚之前有時還會再用一餐，這餐就稱為「goûter」。此時的「goûter」的內容跟正餐類似，也可能就是簡單的麵包搭配奶油、蔬菜、肉類等。現代對「下午茶」充滿精緻糕點的印象，要到 19 世紀時才正式出現。

　　因為「goûter」的時間大約是在下午 4 點，所以也稱為「quatre-heures」（法文「4 點」之意）。用餐時間跟社會階級也有關，上層菁英階級因為不需體力勞動，一天正式的用餐時間有時只有兩次，一次是早上、一次在就寢之前[38]。但工業革命改變了所有人的作息，一方面勞動階級工作時間變長，另一方面資

克里雍酒店（Hôtel de Crillon）的「冬之花園」（Jardin d'Hiver）下午茶，高腳杯中裝的是「野莓梅爾芭與蘆薈」（Melba Fraises des Bois et Aloe Vera），後方則是「愛之泡芙」（Chou d'Amour）。

1

產階級興起,晚上開始有更多社交活動,為了因應晚間 7 點開始的戲劇表演時間,他們開始在下午 4、5 點時先用點心,到戲劇表演結束後,約 10 點才吃晚餐,於是「goûter」也開始在上層階級流行起來,只不過他們更愛用「collation」這個字,以顯示和大眾不同的高雅品味。

19 世紀時英國開始風行「下午茶」(afternoon tea),這頓輕食稱為「tea」。19 世紀末出現了「茶沙龍」(tea rooms),以「five-o'clock」代稱「tea」的說法也流傳開來。英國仕女們在下午 5 點,以遠從亞洲來的琥珀色飲料搭配各種美味茶點的習慣更傳入法國,在巴黎蔚為風潮。法國人於是開始用「茶」(thé)或是「英式下午茶」(thé à l'anglaise)來稱呼這段美味時光,其形象較「goûter」更高雅細緻。

在現代的法國,「goûter」尤指小朋友的下午點心時間,也指這些點心本身,特別是餅乾類。法國南特有兩家知名食品廠 BN(Biscuiterie Nantaise)與 LU(Lefèvre-Utile),幾乎包辦了所有法國小朋友的放學點心,其中「Choco BN」巧克力夾心餅乾和 LU 的「Petit Beurre」奶油餅乾,可說是法國好幾代

1 從亞洲來的茶葉，在 19 世紀塑造了英法兩國的下午茶傳統。如今抹茶口味的亞洲甜點在巴黎越來越常見，是否也會逐漸改變巴黎的甜點地景呢？照片中為巴黎韓國咖啡館 +82PARIS 的「抹茶刨冰」（bingsu au thé matcha）。

2 法國的超市貨架的餅乾區陳列，超過 75% 都是知名餅乾大廠 BN 與 LU 的產品。其中 Choco BN、Prince 的巧克力餅乾等，都是很受法國小朋友們喜愛的點心。

人的童年回憶。市售餅乾之外，下午和媽媽一起圍在桌邊享用點心，甚至一起做甜點的經驗，形塑了許多法國人心目中對甜點溫暖而美好的最初印象，更啟發了很多甜點主廚。許多人因此立定志向要成為甜點師，並在甜點師的道路上時時回顧，將童年的回憶與經歷重新打磨、據此創造出更多美妙的作品。說「goûter」滋養法國甜點師的初心，大概一點都不為過。

38 這裡根據不同的歷史學家與文獻考證，有許多不同的說法，有興趣可以參閱 Jean-Louis Flandrin 的〈Les heures des repas en France avant le xixe siècle〉一文。該文收錄在 *Le Temps de Manger*(Maurice Aymard, Claude Grignon and Françoise Sabban [ed.], 1993, Éditions de la Maison des sciences de l'homme), p.197-226。

1-4
甜點業（pâtisserie）與麵包業（boulangerie）的分界

在台灣，許多人對「甜點」最早的印象或許來自台式甜麵包。我還記得小時候放學，每回經過學校對面的麵包店，都忍不住被那些柔軟馨香、外型多變的麵包吸引視線。麵包店裡有包著紅豆餡、捲著芋泥餡，還有灑滿了蔥花、肉鬆的麵包；也有蓬鬆的海綿蛋糕，外圈有著起司酥皮的台式起酥蛋糕，外層裹著檸檬味白巧克力的檸檬蛋糕，當然也有各種鮮奶油生日蛋糕。這種麵包、蛋糕與甜點混合販賣的情形，其實並不僅見於台灣[39]。

在巴黎，有許多「麵包甜點店」（boulangerie-pâtisserie）[40]，正擔任著和台灣麵包店類似的角色，除了販賣巴黎人生活中不可或缺的各種「麵包」（pain），如「長棍麵包」（baguette）、「鄉村麵包」（pain de campagne）等；也賣各種「維也納麵包類」（viennoiserie）[41]，如「可頌」（croissant）、「巧克力麵包」（pain

1 巴黎甜點麵包店 Boris Lumé pâtisserie boulangerie，店面外觀非常古典，是 20 世紀初期的新藝術風格（art nouveau）。門楣上用燙金字體寫著「BOULANGERIE」、「CONFISERIEz，玻璃窗上則有「PÂTISSERIE BOULANGERIE」的字樣。

2 如店名所示，Boris Lumé 店中同時販賣麵包與甜點。

39 此種甜點店與麵包店難以區分的現象，在英語中也是一樣。法文將「pâtisserie」與「boulangerie」區隔開來，但在英語中，除非是特別為了要跟法語的「pâtisserie」嚴謹相對而使用「pastry shop」，否則這兩種類型的店家，通常一律都稱為「bakery」。「烘焙」（baking）更被用來代指除了麵包以外，包含所有「糕點」（pâtisserie）的技巧與製作。

40 或是「甜點麵包店」（pâtisserie-boulangerie），「boulangerie」在法文中指的是製作麵包（pain）的技術、麵包業、麵包店；而 pâtisserie 在法文中可以指製作甜點的技術、甜點業、甜點店；但和「boulangerie」不太一樣的是，「pâtisserie」也指甜點、糕點這種食物本身，須依照文意與語境決定。

41 「維也納麵包類」（viennoiserie）指的是那些使用發酵的蓬鬆麵糰、加了大量奶油、多半有酥皮的麵包類，最常見的就是文中提到的可頌、巧克力麵包與布里歐許。這種麵包類型源自奧地利，1838 至 1839 年左右，奧地利商人奧古斯特・宗格（Auguste Zang）在巴黎黎希留街（Rue de Richelieu）92 號開了一家維也納麵包坊（Boulangerie viennoise），將這類麵包帶到巴黎，其中最知名的就是可頌麵包的前身「kipferl」。之後維也納麵包類開始在巴黎大為流行，到了 20 世紀初期，甚至成為法國美食文化的代表之一。

台灣稱此類麵包為「丹麥麵包」，是因為台灣的烘焙業受到日本與美國的影響。在美式英語中，這種麵包類型被稱為「Danish pastries」或簡稱為「Danish」。丹麥也是維也納麵包類非常風行的地區，只比巴黎稍晚一些，在 1850 年左右，奧地利的糕點師傅將維也納麵包類帶入哥本哈根，從此風行全國。之後來自丹麥的移民將這類型的麵包帶入美國，隨後發展出加上水果或卡士達醬的類型，再由美國傳遍世界各地。

Thierry Marx 主廚的巴黎麵包店 Thierry Marx Bakery，同時也販賣簡單的甜點。

au chocolat）、「布里歐許」（brioche）；以及簡單的「甜點（pâtisserie），如「法式布丁塔」（flan）」、依形狀不同有許多種類的「填餡泡芙」（chou）、「塔」（tarte）——包括巧克力塔（tarte au chocolate）、檸檬塔（tarte au citron）與依季節變化的水果塔（la tartelette）等——等；另外也有鹹點，如「鹹派」（quiche）、「三明治」（sandwiche），及加了醃漬橄欖、培根等鹹麵包類。雖然在當代的法國，麵包與甜點是兩個不同的專業、需要分別取得執照，但很顯然地，麵包與糕點（甚至甜點）之間其實沒有那麼非黑即白、界線分明。

甜點與麵包系出同源

　　早在數千年前，人類就開始用穀物製作麵包，古埃及人在西元前 3,500-4,500 年的前王朝時期（Predynastic period），就已將麵包當成基礎食物之一。美索不達米亞文明時期，在麵包中加入椰棗、無花果、蜂蜜等，便是最早的糕餅起源[42]。古希臘人發明了烤爐，因此不只麵包，更製作出了多種糕點（plakôn），

但當時糕餅製作是依靠麵包職人；古羅馬人的宴席更有各式各樣的糕點，美食家們甚至留下了各種食譜。這些糕餅通常是由麵粉、蜂蜜、乳酪（或橄欖油、其他動物油脂等），加上當地產的水果如無花果、葡萄汁等作為甜味劑，有時還會加入如茴香、小豆蔻、胡椒等香辛料。雞蛋入食譜一直要到西元後才開始流行起來。和麵包作為主食的情況不同，甜味象徵著美食與誘惑，代表著「享樂」的性質，這也是為何許多關於甜點的文獻與描述，都與宴席、節日、慶典連在一起。

　　雖然古希臘羅馬已經有種類與外型都變化多端的糕點，且在拉丁語中，「麵包師」（pistor）與「甜點師」（pistor dulciarius）已有分別[43]，但根據《甜點的歷史》一書的說法，一直要到西元 3 世紀，麵包與糕點的製作才得以自主進行（法文版 p.118）。不過不管是麵包師還是糕點師，雙方製作的產品互有重疊的情況其實一直持續到今日。中世紀時，法國曾經試圖為各種不同的職業訂立工作職責與規章，如路易九世[44]時期，大約在 1268 年，巴黎市長艾田・波勒（Étienne Boileau）曾經制定了「職業之書」（Livre des métiers），詳列巴黎各個職業的規章、權利義務等。當時所謂的「pâtissier」（糕點師，或是今日的甜點師）並不存在，但是「talmelier」[45]──即今日的「麵包師（boulanger）」──已被收入其中。

---

42 關於麵包與甜點的歷史，可以參考《甜點的歷史》與《甜點辭典》兩本書。

43 拉丁語中的「pistor」意為「磨碎穀粒的人」，亦即「磨坊主」，屬於「麵包師」的範圍，而「pistor dulciarius」正是「甜麵包師」之意。可見甜點與麵包系出同源，且甜麵包正標記了甜點的開端。

44 Louis IX（1214-1270），從 1226 年到 1270 年去世時為卡佩王朝（Capétiens）法蘭西國王，即知名的「聖路易」（Saint Louis）。

45 這個字的字源來自「篩子」（tamise）、「過篩」（tamiser），因為麵包師需要依照法律規定的比例來篩選麵粉。可參考《甜點的歷史》p.40（法文版）。

從「oublieur」到「pâtissier」

「糕點師」（pâtissier）的前身，也就是製作「酥餅」（oublie）[46]的「酥餅師」（oublieur）[47]存在許久；不過要到 1270 年，才被波勒的繼任者荷鈕巴邦（Regnaut-Barbin）登記下來，並有了正式的規章，甚至規定了學徒的年限（5年）、取得特許證的價碼（10 里弗爾[48]），以及考試內容（需要在一天之內做出至少 1,000 個稱為「neule」的香料酥餅）。「oublie」這種酥餅，又稱「oblée」，是在彌撒中獻上的聖餐麵餅，也就是供品（oblation）的一部分。「酥餅師」每到各種教會的節日、贖罪日和宗教活動中，都需要生產出大量的「酥餅」。因為廣受歡迎，後來也在一般日販賣[49]。此酥餅捲成甜筒狀，由攤販裝在圓筒型的盒子中在街上叫賣，直到一次世界大戰都極受人們喜愛。

到了 1440 年，源自「酥餅師」（oublieur）的「糕點師」（pâtissier）終於成為一種正式職業，由巴黎市長安伯斯・德・羅里（Ambroise de Lori）頒予行會規章與紋章。不過，一直到 16 世紀，糕點師的工作範圍都和我們今天

1 捲成圓筒狀的「酥餅」（oublie），是中世紀最受歡迎的點心，也可能是現代「格子鬆餅」（gaufre）的起源。（翻拍自《甜點教父河田勝彥的法國鄉土甜點之旅》與《甜點辭典》）

2 1653 年出版的《法蘭西糕點師》扉頁插圖，圖中描繪了 17 世紀時的糕餅製造場所。從牆上懸掛的各種禽鳥類與地上散落的動物看來，肉類鹹餡餅確實是當時糕餅師主要的製作產品。（圖片來源：gallica.bnf.fr｜Bibliothèque nationale de France）

認知的很不一樣。除了製作像「酥餅」（oublie）、「香料酥餅」（neules）這種輕甜點外，也製作如「油炸千層酥」（rissole）、「鬆餅」（gaufres）、「有餡餡餅」（beignet）、炸麵包等點心，包著起司、魚、肉等鹹的「餡餅」（pâté）更是大宗。他們製作販賣的商品與營業範圍和麵包商、肉商、甚至小酒館都有所重疊。為了爭奪各種權益，從路易九世時期開始，食品業者之間便有無數的訴訟案。糕點師和麵包師之間也一樣，各種爭端與官司一直延燒到 19 世紀後。

46 oublie 的發音類似「烏布利」，作法可以參考《甜點教父河田勝彥的法國鄉土甜點之旅》一書 p.72（和田勝彥，2016，瑞昇文化），書中也有詳細說明此酥餅的來歷掌故。

47 也有「oublieux」、「oublier」、「oblayer」、「oublaier」、「oblayeur」、「oublayeur」「obloyer」等各種不同的拼法。

48 里弗爾（livres），古代法國貨幣單位之一。

49 另一種說法則認為「酥餅（oublie）」是在教會節慶時製作的麵餅，因為此時穀物的進價較低。「酥餅師」（oubblieur）的誕生，是由於麵包師再也無法應付各種節慶點心的大量需求，另一方面，富裕家庭則在餐後享受這種酥餅，所以也會訂購。後來「聖餐麵餅」（hostie）的製造者逐漸將「酥餅」」加入聖餅的行列，主要用來供應教士們，但因廣受大眾喜愛，最後「酥餅師傅」逐漸成為一個有獨家經營權的行業。出自《甜點辭典》，p.794。

例如「1691 年 12 月 7 日，由夏特雷（Châtelet）警察總監頒布的一條行政命令，禁止麵包師們製作糕點（gâteaux）。該法令引起巨大的反彈，但情況並未因此改變。1713 年 8 月 18 日，巴黎議會更判決麵包師們『不可以從事糕點師們的職業』，不能在麵包中使用蛋、奶油，也不能製作『任何糕點、餡餅，不能在烤箱中放入肉類，即使是在主顯節時；不管有任何藉口，也不得將蛋液刷在麵包上』」[50]。

如此嚴苛的規定，麵包師們當然不可能遵守，終於在 1783 年，他們取回將鹽、奶油、牛奶、蛋等原料加入麵包的權利。不過到了 1831 年，他們再度因為製作小蛋糕而和糕點師們槓上，又被禁止製作糕點。可是情況並沒有改善，最後巴黎的糕點師們因為認為這種不正當的競爭「極具毀滅性」，在往後數十年間多次連署請願，上呈國民議會、最高行政法院、市議會等，最後鬧到上議院，但卻沒有任何成效。直到「後來法令規定麵包店也可以自由製作並販賣糕點、而糕點店也可以做麵包」[51]。

糕點業的黃金時期

1789 年法國大革命之後，因為貴族階級被廢除，許多甜點師和廚師回到民間自行開店，促成巴黎餐飲業的興起。這是一段在美食史上不可不談的關鍵年代，不僅具現代意義的餐廳初見雛形，更出現了第一本美食評鑑《老饕年鑑》，關於美食的論述逐漸成為一門學問，「美食家」的形象也逐漸豐滿。從 18 世紀末開始，巴黎糕點業（此時仍然鹹甜糕餅、餡餅都做）也進入發展的黃金時期，大革命帶來的社會動盪反而給餐飲業帶來契機，那之後 20 年間，巴黎的糕點師從業人數翻倍、更出現了許多新的作品。糕點店的裝潢也開始現代化，過去陰暗黝黑的工作場所，如今「裝飾著最精緻、最顯眼的甜點裝置藝術品；大理石做成的櫃檯、鏡子、裝飾花紋、優雅的油燈……工作場所完全被隱藏起來，如果不是因為展示的樣品提醒，我們甚至會以為處在一個明亮的咖啡館、而不是在糕點店裡」[52]。

19 世紀知名的糕點師（如卡漢姆）不僅用糕點創造出各種藝術作品，才能更在外交領域大放異彩。他的後繼者古菲在糕點製作中導入精準的劑量與比

Cédric Grolet 主廚的 Cédric Grolet Opéra，便是「麵包甜點店」，兼賣麵包與甜點，但等級自然和街角麵包甜點店完全不同。

例，居伯瓦發展糕點裝飾藝術等，讓法式甜點的發展邁向高峰。巴黎出現了許多知名的糕點店，到了 19 世紀後半葉，它們已然成為法國美食中的要角。由於 19 世紀歐洲開始發展甜菜工業，當食糖能夠自給自足後，糖的價格大幅降低，「甜點」終於變得更為親民，但正因為如此，麵包師才又開始製作甜點。「pâtisserie」這個詞彙在此時逐漸變為專指「甜麵糰的製作」，但店家兼作麵包與甜點的情形非常普遍，一直延續到今天，成為我們在巴黎隨處可見、每個街坊都有的「麵包甜點店」（boulangerie-pâtisserie）。

---

50 出自《甜點辭典》，p.909。
51 出自《甜點辭典》，p.910。
52 出自《老饕年鑑》第六期（1808）。

1

21 世紀的巴黎高級甜點店與最新風潮

　　到了 20 世紀，法國的糕點業逐漸演化，更加專精在製作「甜點」上，類型也更加廣泛。過去十幾年間甜點越來越精緻、高價位，便開始出現了「高級訂製甜點」（pâtisserie haute couture）[53] 與「高級甜點」（haute pâtisserie）[54]、「奢華甜點」（pâtisserie de luxe）等等說法，和融入巴黎人日常生活的「麵包甜點店」所賣的商品有所區隔。從 Pierre Hermé Paris 以降，像是珠寶店一樣的 Hugo & Victor、Des Gâteaux et du Pain、Un Dimanche à Paris 等，乃至於如今各個知名甜點主廚如 Christophe Adam [55]、Christophe Michalak [56]、Yann Couvreur [57]、Cédric Grolet [58] 等開設的甜點店，儘管有的仍有賣「維也納麵包類」，其意義也與街坊的「麵包甜點店」完全不同。「高級甜點」在過去十年間發展蓬勃，和甜點主廚一樣地位逐漸水漲船高。它們與「麵包」之間的分野，無疑是非常清晰的。

　　然而，近來巴黎由於健康意識與反璞歸真風潮興起，開始排拒工業化大量生

1 Pierre Hermé Paris 巴黎 Bonaparte 店的甜點櫃，上方籃內裝的即是知名的「玫瑰荔枝覆盆子可頌」（croissant Ispahan）。他的甜點被認為是「高級訂製甜點」（pâtisserie haute couture）的代表。

2 巴黎新興麵包店 Mamiche 的櫃檯，除了各種傳統麵包外，也做許多「維也納麵包類」。巴黎最新流行的甜麵包「巴布卡麵包」（babka）是他們的明星商品之一。

53 此處是借用了「高級訂製時裝」（haute couture）的說法，表示甜點也是經過設計師設計，每一季推出新作，如同時裝、珠寶一樣精緻的奢侈品，以 Pierre Hermé Paris 的甜點為代表。第三章會有更詳細的說明。

54 與「高級餐飲」（haute cuisine）相對。

55 Christophe Adam 是繼皮耶・艾曼（Pierre Hermé）與 Sébastien Gaudard 之後接管 Fauchon 食品集團的甜點主廚。他領導 Fauchon 走向世界，並將甜點與時尚結合。最為人知的創舉，便是將「閃電泡芙」的傳統形象大幅扭轉為時尚與潮流的代名詞。現為閃電泡芙專賣店 L'Éclair de Génie 的主廚與經營者。

56 法國最早出名的明星甜點主廚，被媒體與大眾暱稱為「Michalak」，後來也成為其品牌名。2001 至 2016 年在巴黎五星級飯店雅典娜廣場酒店擔任甜點主廚，並帶領法國隊在 2005 年得到甜點世界杯冠軍。他是電視圈的寵兒，曾經同時主持多個電視節目，也是最早開設大師課的甜點主廚。他是甜點競賽節目「誰是下一位甜點大師？」（*Qui sera le prochain grand pâtissier?*）第一至三季的固定評審，也曾受邀擔任如「頂尖主廚」（*Top Chef*）、「最佳甜點師」（*Le Meilleur Pâtissier*）、「廚神當道」（*MasterChef*）等電視節目評審，目前專心經營自己的企業。他在巴黎擁有 Café Michalak & École Masterclass 與數家同名甜點店 Pâtisserie Michalak，在東京表參道也有設點。2019 年，他與知名漢堡品牌 Big Fernand 的創辦人 Steve Burggraf 共同在巴黎 15 區的悠瑪城市酒店（Yooma Urban Lodge）內開立蔬食餐廳 Polichinelle。

57 巴黎威爾斯親王精選酒店（Hôtel Prince de Galles）的前甜點主廚，2016 年開立自己的同名甜點店，以狐狸做為吉祥物，希望自己能無拘無束地創作。他的甜點隨著四季更迭、著重風味的鍛鍊，並堅守不使用色素、香料、防腐劑的原則，是巴黎甜點界「返璞歸真」與「健康潮流」的意見領袖。本書最後一章有其深入訪談。

58 莫里斯酒店（Le Meurice）甜點主廚，也是目前全球最紅、最具影響力的甜點師。他以仿真檸檬及一系列水果雕塑出名，極具個人風格的作品是全球甜點師爭相模仿的對象。他曾於 2019 年 7 月來台舉辦快閃甜點店活動，引起轟動。本書最後一章有其深入訪談。

法國最佳工藝職人（MOF）巧克力師 Jacques Genin 店內的巧克力商品與水果軟糖。

「confiserie」、「chocolaterie」、「glacerie」

　　與甜點有關的行業還有「糖果業」（confiserie）、「巧克力業」（chocolaterie）、「冰品業」（glacerie）等。其中「confiserie」的字源是動詞「confire」，意指用糖浸漬、糖煮等方式保存食物。因此跟「糖」有關的產品如煮糖（sucre cuit）製成的糖果（實心或夾餡）[59]、果仁糖（dragée）、太妃糖（toffee）、焦糖（caramel）、口香糖（pâte à mâcher）、水果軟糖（pâte de fruits）、牛軋糖（nougat）、軟糖（confiserie gélifiée）、水果軟糖（pâtes des fruits）等，還有糖漬水果、糖漬栗子等，統統都包含在內[60]；「Confiseur」則是製作這些產品的專業人士。與「confire」有關的另外一個字彙則是「confiture」──用糖熬煮水果直至濃稠的「果醬」。巧克力店則會製作或販賣巧克力相關商品，包含夾心巧克力（bonbon de chocolat 或 chocolat）、巧克力磚（tablette de chocolat）等，有時也會額外販賣其他糖果商品，如焦糖、牛軋、水果軟糖，並提供一些巧克力相關甜點。

　　由於「confiserie」的基礎是「糖」，「糖果師傅」（confiseur）和甜點師、「巧克力師」（chocolatier）們的工作範圍有相互重疊之處。甜點店、巧克力店販賣糖果相關商品也很常見，經常會看到「甜點－糖果店」（pâtisserie-confiserie）、「巧克力－糖果店」（chocolaterie-confiserie）等複合式的店家，特別是後者。不過甜點和巧克力就不一樣了。由於巧克力完全是另外一個專業領域，需要苦心鑽研相關知識、無止境地探索、測試風味等才能精通；在法國，甜點師與巧克力師的證照跟考試通常會分開，不管是最初階的職業證明 CAP（certificat d'aptitude professionnelle）還是象徵職人頂級榮譽的 MOF[61] 考試都是如此。

　　最後是專門製作冰淇淋（crème glacée / glace à la crème）、雪酪（sorbet）、其他冰品如冰淇淋蛋糕（entremets glacé）等的冰淇淋師或冰淇淋商家（glacier）。雖然產品和甜點相關，許多甜點師（特別是在旅館飯店、餐廳工作的）也需要熟悉製作方法；但冰淇淋其實和巧克力一樣，也是一個獨立的專業領域，MOF 冰淇淋師的考試也和甜點師不同。

巴黎 Une Glace à Paris 冰淇淋專賣店由 MOF 冰淇淋主廚 Emmanuel Ryon 開立，可以品嘗到各種高品質的冰品，也有供應一些冰淇淋甜點如「法式冰淇淋蛋糕」（vacherin）。

產的麵包，專注做麵包的麵包店強調手工、緩慢製程、精選麵粉與其他穀物粉等原料；另有一派新興的、由充滿熱誠的年輕人開設的現代麵包甜點店，開始做各種高品質的創意麵包與甜點，將傳統「麵包／甜點」合為一家的概念再度翻新，賦予更現代、高品質的印象。像台式甜麵包一樣的點心麵包如肉桂捲、巴布卡麵包（babka）等逐漸受到青睞，成為最新的明星商品。看來，不管是從歷史還是最新潮流角度觀察，甜點與麵包都還真是難分難捨呢！

59 這些可以吸吮或咀嚼的糖果通常被稱為「bonbon」。

60 參見《甜點辭典》中對於「confiserie」一詞的解釋（p.269）。

61 MOF 即「法國最佳工藝職人」（Meilleur Ouvrier de France）的縮寫簡稱，每三至四年舉辦一次的專業競賽。 這是法國所有工藝領域的職人們的最高榮譽，獲得 MOF 榮銜的職人們將可參加在法國總統府愛麗榭宮的授獎儀式，由法國總統親自授與獎章。以甜點師為例，競賽時程可能長達兩年，初賽與準決賽、決賽之間分別相隔半年至一年，好讓參賽者能在此期間受訓與練習準備。每一次比賽時間大約 2 至 3 天，長度視競賽主題與內容而定。知名紀錄片 Kings of Pastry 就是在講述 2007 年 MOF 甜點師比賽的過程。

1-5
法國人在哪裡買／品嘗甜點？

　　之前我們在談甜點相關詞彙的時候，就已經看到「dessert」與「goûter」都與品嘗的時機有所連結，那究竟法國人都是在哪裡買、哪裡吃甜點的呢？其實，和台灣差不多，最常見的當然就是「甜點店」（pâtisserie），或是我們之前提過更親民的「麵包甜點店」[62]。由於一般法國甜點店並沒有提供內用座位，因此消費者在店內選購之後，通常是帶回家，或是在附近的公園、河邊坐下來享用。以美景佐甜點，也算是法式生活的美感體驗之一。

　　此外，由於吃「餐後甜點」（dessert）是法國非常根深蒂固的文化 [63]，所以餐廳（restaurant）也是法國人經常品嘗甜點的地方。在用餐完畢後，法國的侍者清理桌面時，絕對都會問一句：「您想要來杯咖啡嗎？甜點呢？」（Est-ce que vous voulez un café? un petit dessert?）現在你理解「dessert」這個字的由來，

2

1 巴黎傷兵院（Invalides）前面的草坪開放給大眾，天氣好的時候，我和朋友在旁邊的 MORI
   YOSHIDA 買完甜點後就會來此享用。照片中的甜點名為「Antharès」，意指「心宿二」，是天蠍
   座的主星，也是銀河系的一顆紅超巨星，是該作品的靈感來源。
2 到 Angelina 喝下午茶、吃甜點，是許多人巴黎之旅中備受期待的一部分。

相信會對這樣的問法會心一笑。

在 19 世紀末期、20 世紀初期時，來自英國的下午茶習慣風靡巴黎，開始出
現許多專門飲茶搭配點心的「茶沙龍」（salon de thé），吸引很多名媛仕女前
往，是非常時髦的場所。像是以蒙布朗與熱巧克力知名的 Angelina，便是自
1903 年開始於里沃利街（Rue de Rivoli）營業。創業至今超過百年，現在「到
Angelina 茶沙龍喝下午茶、品嘗甜點」幾乎構成了全球旅客對「巴黎之旅」重
要的憧憬之一。

---

62 這裡沒有計入在家自行製作的手工甜點，僅考慮在外品嘗與購買的部分。關於手工自行製作的甜點，我
   們會在第三章第三節（第 144 頁）有所討論。
63 2018 年 5 月法國市調公司 OpinionWay，為了巴黎首次舉行的甜點大展（Salon de la Pâtisserie）做了一
   份「法國人與甜點」（Les Français et la pâtisserie）的市場調查。這個市場調查樣本有 1,000 人，依 2015
   年法國國家統計與經濟研究所（Institut national de la statistique et des études, INSEE）發布的全法人口
   統計中的性別、年齡、區域、職業、集聚規模比例取樣。調查發現 58% 的法國人認為，成功的一餐必須
   要以一道好吃的甜點作結。而 35% 的法國人一週最少會吃一次甜點。

除了甜點店、餐廳、茶沙龍外，旅館（特別是高級旅館），因為需要照顧到旅客的各種需求，特別是飲食的需求，所以會附設餐廳、茶沙龍，有時甚至提供外賣甜點，因此也能品嘗到各種甜點。和 Angelina 同在里沃利街上的莫里斯酒店（Le Meurice），後面一條街的巴黎東方文華酒店（Mandarin Oriental, Paris），凡登廣場（Place Vendôme）上的巴黎麗池酒店（Ritz Paris）、巴黎柏悅酒店（Park Hyatt Paris-Vendôme），以及協和廣場（Place de la Concorde）上的克里雍酒店等，都是其中的代表。不過，法國人並沒有和台灣一樣的「下午茶吃到飽」文化，所以甜點出現的方式不盡相同。

這些甜點隨著出現地點的不同，類型也會有所變化，連帶影響著在這些地方工作的甜點師的工作範圍與內容。在台灣，一般消費者比較熟悉的是在甜點店裡出現的甜點，它們可以獨立擺在櫥窗內，多半也能因應需求做出大小不同的尺寸。這些甜點稱為「甜點店的甜點」（pâtisserie de boutique）。與這個類別相對，還有一種甜點類型稱為「盤式甜點」（desserts à l'assiette / plated desserts）[64]。顧名思義，這是使用盤子呈現的甜點，我們會在後文詳細解析它

1 克里雍酒店的下午茶廳「冬之花園」。
2 巴黎麗池酒店的「普魯斯特沙龍（Salon Proust）」下午茶廳。
3 巴黎東方文華酒店的「Camélia」餐廳，入口處是外帶甜點櫃檯。

的概念、內涵與呈現方式。如同本章第三節所說，「餐後甜點」暗示了享用它的時機，是在正餐（repas）後的最後一道菜式，因此這種甜點會出現在餐廳與旅館、飯店，而不是甜點店 [65]。

　　由於品嘗的時機不同，製作的目的也不同，甜點的性質自然也會跟著改變。甜點師在設計甜點時，便需要考慮食材的處理與手法呈現。譬如「甜點店的甜點」因為需要在櫥窗裡待上比較長的時間，所以需要用比較穩定、能夠長時

---

64 台灣目前普遍將 desserts à l'assiète / plated desserts 譯為「盤飾甜點」，但我認為此翻譯從根本概念上便誤解了該類型甜點的製作哲學與內涵，更導致一般讀者與消費者的認知偏誤。因此，在本書中我都會使用「盤式甜點」來代替。我們會在第二章第四節（第 106 頁）中詳細介紹。

65 如前文所述，和台灣不一樣，法國大部分的甜點店都沒有內用座位，所以在甜點店買了甜點之後，必須外帶回家或是在其他地方享用。而茶沙龍中提供的甜點，也多半是佐茶享用的「糕點」類型。這也是為何「甜點店的甜點」與餐廳、飯店的「盤式甜點」分野如此清晰的原因之一。

間不變質的元素；但「盤式甜點」因為是在顧客點單後才於短時間內組裝製作完成、且一上桌就會立刻被品嘗，所以可以使用很多時效短的元素，例如容易濕軟的蛋白霜薄片、各種脆片，也能製作幾分鐘內就可能坍塌的舒芙蕾（soufflé）、會快速融化的冰品等。這也是為什麼在甜點店內，完整的塔、泡芙、法式蛋糕等會大行其道，但是在餐盤上，會看到許多不同元素、食材的搭配組合。

一位一直在甜點店內工作的甜點師，如果轉職去餐廳，會遇到非常多挑戰，因為需要處理很多在甜點店內不需要處理、也不會處理到的元素，還要更多對細節的掌握，以及適應在極短時限內交出成品的壓力。尤有甚者，因為同一桌的甜點需要同時上桌，若不同客人點了不同的甜點，負責的甜點師就必須與同事互相配合，在同時間內出餐。譬如製作舒芙蕾的甜點師一個晚上下來會壓力大到喘不過氣，因為他讀秒做好的舒芙蕾，可能在等同事完成另一道甜點時就塌了而必須重做；或是做好了但客人突然離開座位，也必須重做；而同事的作品為了配合時間出餐，也可能需要更新抽換掉一些元素（例如瓦片在等待的過

1 新加坡女主廚 Janice Wong 的東京盤式甜點
專賣店的冰淇淋甜點作品「Cassis Plum」（黑
醋栗、梅子），黑醋栗白巧克力半圓中盛著優
格、接骨木花梅酒泡沫，下方是梅酒刨冰。這
些元素僅能在盤式甜點上出現。
2 舒芙蕾在拿出烤箱後很快就會坍塌，因此時間
掌控非常重要，是一道只能現做現吃的甜點。

程中濕軟了等等）。反過來說，從餐廳轉職到甜點店，也許心臟壓力會小一些，
但可能會在短時間內難以適應許多元素無法使用，許多創意無法 100% 如己所
願呈現出來，需要另行設計等等挑戰。

　　從這些角度看來，其實在旅館飯店內工作的甜點師算是得天獨厚的幸運兒，
因為旅館內有餐廳，能夠做盤式甜點；旅館內也有下午茶與早餐時間，因而能
製作甜點店式的甜點，有時甚至連「維也納麵包類」都能做到。這也是為什麼
許多主廚一直鍾情在旅館內工作，因為不管是工作的內容與範圍都寬廣許多、
創作時的自由度也更高一些，能夠綜合運用不同領域的技能。

在旅館飯店內工作的甜點師能夠同時製作盤式甜點、一般糕點，有時甚至能做到麵包。左頁照片中是巴黎喬治五世四季酒店（Four Seasons Hotel George V, Paris）前甜點主廚 Maxime Frédéric [66] 的盤式甜點「Kiwi infusé à l'huile d'olive, Thé matcha au gingembre」（橄欖油漬奇異果、薑味抹茶），本頁照片則分別是下午茶小點及早餐可頌。

---

66 前巴黎喬治五世四季酒店執行甜點主廚，曾在莫里斯酒店擔任 Cédric Grolet 主廚副手多年，很受倚重。現擔任 LVMH 集團巴黎白馬酒店（Cheval Blanc Paris Hotel）甜點主廚，該豪華酒店預計將於 2020 年 4 月開幕。Maxime 在領導巴黎喬治五世四季酒店甜點廚房期間大放異彩，憑許多個性鮮明的創作，如蛋白霜之花、可可之花、巧克力麵包等，成為巴黎最受矚目的年輕甜點主廚之一，本書最後一章有其深入訪談。

Chapitre 2

內涵

Philosophie

2-1
法式甜點的特色與邏輯

在第一章裡，我們大略回顧了一下法式甜點發展的歷史、重要的主廚與甜點在法國人生活中的重要性。法國人對自己的飲食文化充滿驕傲，認為法國料理是世界上最傑出的菜系、法國主廚們是最會料理各種食材的廚師，甜點自然也不例外。不過，究竟什麼是法式甜點？同樣都是西式，它們和台灣人可能更為熟悉的英式、美式甜點又有什麼差別？不都是塔派和蛋糕嗎？

不論宴席或生活，甜點都不可或缺

在艾莉莎・萊文（Alysa Levene）《蛋糕裡的文化史：從家族情感、跨國貿易到社群認同，品嘗最可口的社會文化》[1] 一書中，作者提到，以法國、德國

1 你是否曾經好奇，究竟什麼樣的甜點是「法式甜點」呢？照片中是巴黎甜點店 Carl Marletti 的甜點櫃。

2 法式甜點以精緻出名，在巴黎逛甜點店、選購甜點是一大樂事。照片中是 MORI YOSHIDA 的甜點櫃。

為代表的歐陸烘焙傳統和英美不同，特別是法國。法式甜點以精緻為特色，製作費時。「在整個中歐，糕點製作被視為一種工藝傳統，任何一位有志的糕點師（僅有極少數是女性）都必須繳交會費並做出『傑作』才能獲得進入行會的資格。」而法式甜點要求精緻的程度，還經過王公貴族的加持。如前一章所述，法式甜點有其宮廷傳統，更在許多重大外交場合擔任要角。除了在餐桌上被享用之外，大型裝飾蛋糕、甜點雕塑也是宴會的高潮。因此，法式甜點一直有著注重觀賞性質的一面。法國大革命之後，貴族家中的廚師們需自力更生，巴黎街頭不僅出現了現代意義的餐飲業，在 20 年間，糕點師的從業人數翻倍，更有無數的糕點店開業。《老饕年鑑》的作者黑尼耶更勸說在家設宴的東道主直接向糕點店購買糕點，因為「家中的糕點師缺乏頻繁大量的機會鍛鍊自己的能力，絕對不可能與烘焙專家相提並論。我們建議如果想要品嘗各個種類的傑出

---

1 本書原版為 Alysa Levene, 2016, *Cake: A Slice of History*, Pegasus Books。中譯本由鄭煥昇、謝雅文、廖亭雲譯，台北：行人。文字引述自 p.280。

1

2

甜點,可以直接在首都(巴黎)的一流甜點店購買,不用因此感到羞恥。畢竟這樣花費更少錢、得到更好的服務品質」[2]。

巴黎風格的甜點是法式甜點的代表

由此可知,法式甜點的複雜精細程度有其歷史淵源。它在巴黎發展出的藝術化與商業化的性質,有別於其他國家更注重手作、家庭的樸實與親密感。這並不是說法國並沒有手作的樸實甜點,其實恰恰相反,法國各地都有很多具代表性的鄉土甜點[3],譬如南錫(Nancy)的馬卡龍(macaron)與庇里牛斯山周邊地區的節慶甜點「庇里牛斯蛋糕」(Gâteau Pyrénées)[4]等,但現在我們認知的法式甜點其實是巴黎風格的甜點,以精緻取勝,和法國人一樣心思細膩、情感豐富,而且絕對注重外表的美感。

暫且不提千層派、閃電泡芙等這種正宗法國血統的發明,以最基礎、歐美各國都有的蘋果派或蘋果塔為例,「美式蘋果派」(American apple pie)包含

1 南錫甜點店 La Maison des Sœurs Macarons 的馬卡龍，至今仍使用兩百多年前修道院修女流傳下來的食譜製作。外殼香酥，內裡軟綿，雖然沒有巴黎馬卡龍般繽紛的外表和細膩的內餡，但質樸的好滋味一吃就停不下手。
2 荷蘭的「蘋果塔」（appeltaart）和美式蘋果派接近，內裡藏的是切丁蘋果，上方常見格紋編織的派皮裝飾。
3 我在巴黎斐杭迪高等廚藝學校（FERRANDI Paris）上課時製作的法式蘋果塔，繁複細膩，一看就是法國作派。

派皮、切片或切丁蘋果，常見的外觀可能是樸實手作風：派皮的邊緣與形狀粗獷一些沒關係，講究一點的會在派的頂端用派皮編織格紋、或切出不同的形狀。但是經典的「法式蘋果塔」不一樣，在塔皮與新鮮蘋果之間會填入蘋果泥，增加口感與風味的變化，頂端則不會用塔皮遮住、而是使用蘋果切成極細的薄片再排成花形，力求美觀，出爐後還會在蘋果片上刷上鏡面果膠增加亮度，塔皮邊緣也會用夾子夾出花紋。

2 原文為「…un pâtissier de maison ne peut jamais devenir un grand homme de four, parce qu'il n'a point d'occasions assez fréquentes et assez multiplies d'exercer ses talents. Nous conseillons donc aux amphitryons, qui voudront manger d'excellentes pâtisseries dans tous les genres, de ne pas rougir de les tirer des premières boutiques de la capitale. Ils dépenseront beaucoup moins, et ils seront beaucoup mieux servis.」出自 1808 年出版的《東道主指南》（*Manuel des amphitryons : contenant un traité de la dissection des viandes à table, la nomenclature des menus les plus nouveaux pour chaque saison et des élément de politesse gourmande*），p.181。
3 可以參閱《河田勝彥法國鄉土甜點之旅》一書。
4 此蛋糕因為是以蛋糕糊淋在轉動的鐵簽或芯木上一邊用柴火燒烤製作而成，又名「鐵簽蛋糕」（Gâteau à la broche）。

Cédric Grolet 主廚的「青檸檬」（Citron Vert）水果雕塑。

多種元素層層堆疊

　　另一個法式甜點的關鍵邏輯在於「多種元素、層層堆疊」。法式甜點從卡漢姆開始，便與建築密不可分。甜點能夠擔任重現古代遺跡、各種華麗建築的重要結構，而一個一個甜點的組成，也遵守著嚴謹的建築邏輯。我還記得之前在巴黎斐杭迪高等廚藝學校（FERRANDI Paris: L'école de gastronomie et de management hotelier）上課時，我們有美術課，老師是得過 MOF 甜點師的 Pascal Niau 主廚，他學建築出身，也一直是位畫家。在上美術課時，其中一項重要的作業就是畫出甜點的結構與剖面圖。Pascal Niau 主廚曾無數次強調甜點與建築非常接近，要求我們用分析的眼光去解構甜點的組成。

　　法國甜點師們在設計作品時，會從外型、口味、口感等多方考量。因此，你幾乎不會吃到一個口感毫無變化、口味毫無層次的法式甜點。即使是有著相同主題，甜點師們也會使用不同的元素與手法呈現。以莫里斯酒店甜點主廚 Cédric Grolet 風靡全球的水果雕塑「黃檸檬」（Citron Jaune）來說，他以

Jimmy Mornet [5] 主廚的 2018 年聖誕節蛋糕創作，外型是一個可可豆莢，巧克力做成的外殼內包裹了一個法式慕斯蛋糕，切開斷面可以看得很清楚是由多種層次堆疊而成。

---

5 Jimmy Mornet 主廚自 2016 年起擔任巴黎柏悅酒店甜點主廚至今，過去曾在幾乎為名廚製造工廠的工作，接著歷任雅典娜廣場酒店、巴黎半島酒店（The Peninsula Paris）副主廚，並贏得 2013 年歐洲盃拉糖錦標賽冠軍（Championnat Européen du Sucre）。他在巴黎柏悅酒店的甜點創作關注「無麩質」（sans-gluten）主題，並首創於下午茶套餐中提供盤式甜點作品。

1 巴黎麵包甜點店 BO&MIE 的檸檬塔，蛋白霜
  擠成長條形後烤乾、擺在塔面上裝飾。
2 Cédric Grolet 主廚的蘋果塔，塔頂是由人工
  精選完好無缺的薄蘋果片，再一片一片調整位
  置擺上。這種精益求精、力求完美的態度就是
  法式甜點的精神。

「黃檸檬果醬內餡」（insert marmalade citron jaune）與「柚子打發甘納許」
（ganache montée yuzu）兩個重點來呈現他心目中完美的檸檬風味，其中黃檸
檬果醬內餡更是由檸檬果凍、糖漬梅爾檸檬與新鮮檸檬果瓣等三種不同的元素
組成，並另外加入「手指檸檬」（citron caviar）與切成細絲的薄荷葉來提升
口感與口味的變化。回過頭來看最經典的法式甜點「檸檬塔」，也包含了至少
塔殼、檸檬奶餡等兩種變化。有的檸檬塔會另外加上蛋白霜，而蛋白霜可硬可
軟、造型也很自由，又有多種不同變化的表現方式。

　　正因為法式甜點能夠被解構成不同的元素，所以最後「組裝」（montage）
是製作時不能輕忽的步驟。甜點廚房需要一一準備許多基礎元素，如塔殼、蛋
糕體、奶餡、慕斯、內餡、醬料、飾面等，最後再像蓋房子一般一層一層搭建
完成。工序繁多是許多法式甜點不能在當天完成的原因，也是精緻法式甜點較
難大量生產的關鍵之一。不過有些品項眾多的法式甜點店也會利用不同元素分
別製作的特性，藉由排列組合完成多種不同的甜點，以減少備料時間、人力成
本與庫存空間的負擔。

2

追求完美，重視「完工」（finition）與「裝飾」（décoration）

　　法式甜點特別著重美觀、細緻與各種基本技術，對外型有著高水準的要求，這讓甜點製作過程中的「完工」（finitions）與「裝飾」（décorations）階段變得相當重要，不亞於個別組成元素的製作。在 19 世紀的法國，大型甜點裝置藝術甚至是各種外交與正式場合與宴席中不可或缺的環節，為一門重要表演藝術。在這樣的發展脈絡下，對甜點外型的注重早就內化為法國甜點師們 DNA 的一部分。而讓一個作品從「好」昇華（sublimer）成「美」、甚至「完美」，不僅對甜點師而言是一門硬功夫，也是能否吸引顧客動念品嘗的重要條件。

　　除了前面提到的蘋果派之外，接下來換個例子說說蛋糕。美式蛋糕會以海綿蛋糕或重奶油蛋糕為主體，中間夾心與外層塗層皆以「奶油霜」（crème au beurre / butter cream）為主，但法式蛋糕的主體則是慕斯或各種奶餡，再加上飾面，以及以糖或巧克力、水果、堅果等組合而成的裝飾。風行全球的「裸蛋

糕」（naked cake）很明顯不是法國人的發明，因為把蛋糕用厚厚的奶油霜疊起來，然後外層只抹上薄薄一層，幾乎看不見的霜飾，讓蛋糕的內在一五一十地展示在眾人面前，就不是想讓外表也看起來閃亮無比、完美無瑕的法式甜點邏輯啊！

　　也因此，在真正的法式甜點店櫃中，幾乎不會看到切片蛋糕[6]，每一個個人尺寸的小蛋糕都是用和大蛋糕同樣的工序、技法完成的。蛋糕分層組裝完畢後，會使用各種「飾面（glaçage）」[7]將每一個小蛋糕表面完全覆蓋住，然後再一一裝飾完成，很少能夠由外直接看到蛋糕分層或內裡組織型態[8]。台灣習以為常將大蛋糕切片、並圍上透明玻璃紙販賣的形式，其實是不太符合法式甜點精神的。

　　將一個個小蛋糕分開裝飾，比做好一個大蛋糕再切片來得複雜費工許多。這樣的作法誠然有其歷史的因素，因為用淋醬或霜飾包裹住的蛋糕，能夠長時間保持濕潤與原本的質地，在過去冷藏技術沒有那麼好的時候，是很實際的考量，不過這也是法式甜點之所以能成為法式甜點的緣故。它與英式、美式、德式甜

1 「裸蛋糕」（naked cake）美則美矣，卻非法式甜點的風格。
2 MORI YOSHIDA「草莓蛋糕捲」（Roulé au fraisier），這種做好大蛋糕再切片販賣的方式在亞洲比較流行，但在法國很難看到。

點都不一樣，在漫長的發展歷史中，已成了一門藝術。

我們會在本章第三節〈法式甜點的完工（finition）與裝飾（décoration）〉中詳細論述這個部分。接下來先和大家談談法式甜點的製作內涵與種類範圍。

---

6 做好大蛋糕再切片販賣，在日本的法式甜點店比較常見。如果在台灣看到有賣切片蛋糕的法式甜點店，那麼主廚或品牌本身多半有日本血統或是從日本學藝歸來。「歌劇院蛋糕」則是法式甜點中少數切片販賣的蛋糕，可以從蛋糕側面看到「法式杏仁海綿蛋糕」（biscuit Joconde）與「甘納許」（ganache）、「咖啡奶油霜」（crème au beurre café）層層交疊。但即使如此，切片販賣的歌劇院蛋糕也仍然會個別點上金箔或以融化巧克力寫上「Opéra」等字裝飾。

7 glaçage，英文稱為 glaze 或 glazing，台灣的甜點食譜書幾乎都譯為「鏡面」，但其實並非所有「glaçage」都呈現光滑閃耀的鏡面效果。法文的「glaçage」是從「glacer」這個動詞變化而來的名詞，「glacer」其中之一的意思就是「裹上糖面裝飾」。雖然現在甜點界的主流「glaçage」大部分是鏡面，但真正精確的「鏡面」，其實在法文中是「glaçage miroir」，只是 glaçage 的其中一種作法，範圍較窄。以閃電泡芙為例，傳統是使用「fondant」翻糖糖霜做 glaçage，而翻糖糖霜是完全不透明的糖面，使用閃耀的鏡面作為飾面在近幾年才逐漸流行。我們在本章第三節會再談到不同的飾面作法。

8 「法式草莓蛋糕」是一個有趣的例外。為了要凸顯草莓誘人的身形與顏色，用切半的草莓排滿一圈作為裝飾，因此不再用飾面覆蓋。

2-2
解構法式甜點：類型與組成元素

　　想像你走在路上，空氣中突然飄來一股麵粉與奶油的香氣：那味道溫暖而甜蜜，一開始似乎在向你發出邀請，後來逐漸像雲朵一般將你包覆。你眼睛搜尋著，發現是從旁邊一家法式甜點店飄出來的。雖然拚命忍耐，但最終還是不敵那溫柔的誘惑，踏入了店裡。在決定自己究竟要挑哪個甜點、要內用還是外帶的同時，你瀏覽了店內一圈。告訴我，你看見了什麼？首先蛋糕櫃裡有新鮮的冷藏甜點如塔（tartes）、泡芙（choux）、法式蛋糕（entremets）等，旁邊櫃檯上還有常溫蛋糕（gâteaux de voyage & cakes）與小點心（petits fours）；如果你在法國，還有可能看到各種維也納麵包。假如這是一家主廚跟甜點師們都非常拚命（或人手充足）的店，甚至可能連馬卡龍（macarons）、水果軟糖（pâtes de fruits）、果醬（confitures）、巧克力（chocolat）、冰品（glaces）

1 位於巴黎蒙馬特的甜點店 Gilles Marchal，甜點櫃內有新鮮甜點，上方是剛出爐的瑪德蓮（madeleine），右手邊還有維也納麵包類，後方則是各種小點心。
2 大部分法式甜點的組成邏輯都非常相近，能以一定規則拆解。圖中為 Yann Couvreur Pâtisserie 2019 年的情人節作品「Foxy Valentine's Day」。

等都一應俱全。

　　以上所述，大概就是我們在各種以「糕點聖經」、「甜點聖經」、「法式烘焙聖經」等為名，將法式甜點一網打盡的百科全書式食譜書中看到的法式甜點類別。一位仔細的讀者可能會發現，雖然每本書的分類方式不太一樣，但通常會分成「基礎元素」與不同的「類型甜點製作」兩部分，排列順序則依不同的編輯邏輯而決定。法式甜點首先在基礎元素種類上就已非常豐富，假如你還記得上一節中我們提到法式甜點「多種元素層層堆疊」的特質，就會明白為何它能擁有百變風貌。因為經由甜點師的巧思創意將不同元素排列組合，法式甜點便擁有無限多種可能。如今法式甜點還在持續演化，新的類別也可能會被創造出來[9]，綜觀全球各地的甜點與甜點文化，大概很難找到與之匹敵的對手。

　　以 Le grand manuel du pâtissier[10] 的目錄為例，該書將基礎元素分為 10 大

9　例如 Cédric Grolet 主廚的水果雕塑系列，幾乎已經自成一個類別。且最新版本已經將海綿蛋糕去除，使用其他元素（如白巧克力、甘納許等）創造口感對比，和傳統法式甜點有別。

1 L'Éclair de Génie 的焦糖爆米花閃電泡芙，看似創新，但其實結構只是在傳統的閃電泡芙飾面之上再加上裝飾，和法式甜點的製作邏輯「麵糊＋奶餡＋飾面＋裝飾」完全相同。

2 法式經典「歌劇院蛋糕」，由法式杏仁海綿蛋糕（biscuit joconde）、咖啡奶油霜（crème au beurre café）、巧克力甘納許（ganache chocolat）組成，三種元素依序堆疊起來後，還要再加上黑巧克力飾面（glaçage chocolat noir）與裝飾才算完工。

項：塔派麵糰（pâtes à foncer）、發酵麵糰（pâtes levées）、熟麵糰（pâtes cuits）、打發麵糰（pâtes battues）、蛋白霜麵糊（pâtes à meringue）、煮糖（sucre cuit）、奶餡（crèmes，包括甘納許與慕斯等）、飾面（glaçage）、裝飾（décors）、醬汁（sauces）。這 10 項中一半都是麵糰、麵糊類，另外一半則是奶餡、裝飾與醬汁。將前半與後半的元素搭配，就能可以做出目錄第二部分中的各種甜點：大型甜點（grands gâteaux）、法式蛋糕（entremets）、塔（tartes）、泡芙（choux）、布里歐許麵糰甜點（gâteaux briochés）、千層派皮甜點（gâteaux feuilletés）、蛋白霜甜點（gâteaux meringués）、麵包師的甜點（gâteaux du boulanger）[11]。

關鍵元素排列組合，解構法式甜點

一旦將法式甜點從中切開、為其拍攝和繪製剖面圖，就可以發現它們的組成邏輯是非常相近的，從基本的檸檬塔到法式蛋糕、甚至是完全不同類型的泡芙等，大都符合「麵糰（pâte）搭配奶餡（crème），再加上飾面（glaçage）和裝飾（décors）」的規律。看以下的分解會更為清楚：

Yann Couvreur 主廚的「紅莓果聖多諾黑」（Saint-Honoré aux fruits rouges），是由千層派皮加上泡芙（中間填入奶餡、外層以焦糖裝飾）、香緹鮮奶油與新鮮紅莓果製作而成。

塔（Tartes）： 塔皮（pâte à foncer）＋奶餡（crème）＋飾面（glaçage）[12] ＋裝飾（décors）。代表範例：檸檬塔。

泡芙（Choux）： 泡芙麵糊（pâte à choux）＋奶餡（crème）＋飾面（glaçage）＋裝飾（décors）。代表範例：閃電泡芙。

法式蛋糕（Entremets）： 法式海綿蛋糕（biscuit）＋奶餡（crème）＋飾面（glaçage）＋裝飾（décors）。代表範例：歌劇院蛋糕。

---

10 Mélanie Dupuis & Anne Cazor, 2014, *Le grand manuel du pâtissier, Marabout*. 此書有中譯本：韓書妍譯，《看圖學甜點烘焙技巧自學全書》，台北：積木文化。

11 該書作者將法式布丁塔（flan）、軟心巧克力蛋糕（mœlleux au chocolat）、瑪德蓮（madeleine）、費南雪（financier）等在法國「麵包店」或「麵包甜點店」中會販賣的簡單樸實類型的甜點，直接歸類於「麵包師的甜點」，以和組成較複雜、技巧更進階的法式蛋糕等做出區隔。想知道 boulangerie、boulangerie-pâtisserie 與 pâtisserie 的差別和重疊之處，請參閱本書第一章第四節（第 58 頁）。

12 如果是水果塔，還會在奶餡上加上新鮮水果，這些水果本身就既是內容物、也是外觀裝飾的重要部分。水果塔外層雖然不會像法式蛋糕或泡芙一般覆上一層蓋住外觀的飾面，但多半也會刷上透明鏡面（nappage neutre）或杏桃果醬（confiture d'abricots）為其增亮、保持水果的濕潤。如果是巧克力塔，通常會在甘納許（ganache）上層再加上一層閃亮的飾面，讓外觀看來更無瑕。

Yann Couvreur Pâtisserie 的青檸塔，外觀看來有塔皮、青檸紫蘇奶餡、透明鏡面與檸檬絲裝飾，切開來之後會發現 Yann Couvreur 主廚把一般常見、與檸檬塔搭配的蛋白霜烤乾後，夾在塔殼與檸檬奶餡之間，另外還在奶餡中加了紫蘇青檸果凍增加層次感。

Johan Martin 主廚創作的「100% 焦糖」（100% Caramel）法式蛋糕，外觀和歌劇院蛋糕有顯著差距，但一切開來就可以很清楚地看見同樣是由「法式海綿蛋糕＋奶餡＋飾面＋裝飾」的邏輯構成，和歌劇院蛋糕並無二致。

Karamel Paris 的「焦糖核桃餅乾」（Cookie au Noix de Pécan），在餅乾麵糰上另外加上焦糖醬，並以巧克力片、核桃作為裝飾，徹底貫徹了法式甜點的精神，和真正的美式餅乾有微妙的不同。

有些結構比較複雜的甜點則可能會結合兩種麵糰，例如「聖多諾黑」，其組成基本為千層派皮（pâte feuilletée）[13] ＋泡芙麵糊（pâte à choux）＋奶餡（crème）＋飾面（glaçage）[14] ＋裝飾（décors）。另外也有甜點可能會沒有飾面，但使用奶餡擠花覆蓋表面、成為外觀呈現的一部分，例如「蒙布朗」：蛋白霜（meringue）＋奶餡（crème）＋裝飾（décor）。有的法式蛋糕則會在海綿蛋糕外另外加一層增添酥脆口感的麵糰，如「沙布列酥餅」（sablé）或是其他脆片。

如果讓法國甜點師們製作別國的甜點如起司蛋糕、提拉米蘇，甚至是銅鑼燒和美式餅乾，也有很大的可能會依照這樣的邏輯製作與設計。這也是為什麼這些外來商品來到法國，看起來就是跟原始的版本不太一樣、似乎自動染上法國風情的原因。

---

13 據說它在 1850 年左右被創造出來時，是「布里歐許」麵糰加上奶餡，後來被甜點主廚 Auguste Julien 改良，將底座改為「酥脆塔皮」（pâte brisée）。後來幾經演變，現代幾乎看到的都是千層派皮作為底座，較塔皮更為酥脆；奶餡也由早期的「希布斯特奶餡」（crème Chiboust）——由甜點奶餡（crème pâtissière）加上義大利蛋白霜（meringue italienne）製成——精簡為甜點奶餡、再加上香緹鮮奶油（crème Chantilly）擠花作為裝飾。

14 聖多諾黑的「glaçage」和其他甜點不太一樣，傳統是在泡芙上沾上金黃的焦糖（caramel）代替飾面的效果。

Yann Couvreur 主廚的「芒果百香果羅勒茉莉花起司蛋糕」(Cheesecake Mangue-Passion-Basilic-Jasmin)，外觀是不是和你認知中的美式起司蛋糕完全不一樣呢？這就是一個以法式甜點手法重新詮釋異國甜點的典型案例。（同樣重新詮釋起司蛋糕，也可參閱第 102 頁照片。）

本蛋糕的結構：沙布列酥餅（sablé）、起司蛋糕茉莉花慕斯（mousse cheesecake au jasmin）、芒果百香果羅勒果凍（agar mangue-passion-basilic）、芒果百香果焦糖布丁（crème brulée mangue-passion）、經典起司蛋糕奶餡（crème cheesecake classique）、新鮮芒果（mangue fraiche），其實是一個如假包換的「法式蛋糕」：包含麵糰（沙布列酥餅）、奶餡（慕斯、焦糖布丁、起司蛋糕奶餡，另加果凍增添變化）、飾面（本例中是以用噴槍噴上絨面）、裝飾（新鮮芒果、羅勒葉、果醬等）。

1 MORI YOSHIDA 的「草莓蛋糕捲」雖然是以蛋糕捲切片的形式呈現，但其中蛋糕體比例極高，正是日本與台灣人心中「蛋糕」該有的樣子。

2 Des Gâteaux et du Pain 的「我愛草莓」（J'adore la fraise），同樣是草莓蛋糕，但是僅有外面薄薄一圈的杏仁海綿蛋糕與底層以草莓汁浸漬的海綿蛋糕屬於蛋糕體，大部分的結構都是草莓慕斯與奶餡。和 MORI YOSHIDA 的草莓蛋糕是否很不相同？

原來法式甜點不等於「烘焙」（baking）？

　　從以上的分解過程，可以發現在正統的法式甜點中，麵糰、麵糊不過只是其中一個元素。如果你是法式甜點愛好者，品嘗過法式甜點店裡各種不同類型的作品，就會發現不管是哪一類型的甜點，包括甘納許、慕斯等的奶餡其實才是主要口味的來源。「法式蛋糕」中，蛋糕體（biscuit）的部分占比極小，因此不管是概念還是口感，都和亞洲習慣的以麵糰為主的「蛋糕」完全不同。將 entremets 翻譯為「法式蛋糕」或是「法式慕斯蛋糕」，也是在中文缺乏相對應詞彙下的權宜之舉。

　　正因為在法式甜點中，麵糰和麵糊的比例其實不多，所以要用「烘焙」

（baking）來概括其實相當不精確。過去每當我說起自己的職業是甜點師時，總是有人問我是不是整天與烤箱為伍，我的工作是不是就是整天在烤蛋糕？在法式甜點的專業廚房裡，這個答案肯定是 No。法文中描述「做甜點」的動詞是「pâtisser」，但是在英文裡，通常是使用「bake」概括。英國與美國流行的甜點型態如蛋糕、塔派等，大部分是以烤箱烘烤為主要的製作方法，但是在法國，特別是現今的法國，這一切很不一樣。

以 Cédric Grolet 主廚的擬真水果甜點「草莓 2.0」（Fraise 2.0）為例，組成包含糖煮草莓、打發甘納許、披覆的紅色覆面（enrobage）、最外層的鏡面果膠等，沒有一項用到烤箱。比起烤箱，在法式甜點專業廚房內也許更重要的是冷凍庫（congélateur）與急凍庫（surgélateur）。在一個甜點至少有 4 到 5 種元素的情況下，要能成功將每一個元素成形後再組裝合體，沒有這兩個神奇的箱子是不可能達到的。

前面提到「法式蛋糕」是慕斯與奶餡為主體，再加上以巧克力為基礎做的各種裝飾等，真正需要使用到烤箱烘烤的部分其實占整體蛋糕的成分不到 20%，更不用說餐廳的「盤式甜點」還包含了冰淇淋（crème glacée）、雪酪（sorbet）及其他元素的組合變化。法式甜點的內涵其實遠遠超過烘焙，甜點師要掌握的技巧遠比烘焙還要複雜很多呢！

Cédric Grolet 主廚的草莓水果雕塑，沒有一項元素用到烤箱。

2-3
法式甜點的完工（finition）與裝飾（décoration）

裝飾的種類、目的與邏輯

　　一個法式蛋糕的完工與裝飾階段，起於「飾面」（glaçage），傳統有使用杏仁膏（pâte d'amande）或糖膏（pâte de sucre）將蛋糕包覆的技巧，如「法式草莓蛋糕」與「結婚蛋糕」（wedding cake）等。現代最常見的則是使用葡萄糖、吉利丁、融化巧克力、鮮奶油、食用色素等一起混合製成的鏡面，在微溫時淋在蛋糕上將其完整被覆。利用空氣噴槍（aérographe）將有顏色的覆面（enrobage）[15]、絨面（flocage）或鏡面果膠（nappage / miroir neutre）噴灑在蛋糕外層上色，製造表面特殊效果等，則是另一種現代的手法。

　　在蛋糕被包裹住之後，接著會使用巧克力飾片（décors en chocolat）與水

1　台北 Quelques Pâtisseries 某某。甜點的法式甜點作工細膩，風味和諧且有深度，是許多法國主廚來台必訪的店家。照片中是 2017 年 3 月的作品「東方美人」，葡萄柚慕斯蛋糕外面的粉橘色鏡面光滑閃亮，細節也幾乎無懈可擊。

2　Pablo Gicquel 主廚為克里雍酒店設計的「覆盆子之花」（Fleur de Framboise），閃耀的鮮紅色鏡面下藏著以覆盆子果汁浸漬的巴巴（baba）。

果、堅果、食用花、擠花等元素裝點；金箔（feuille d'or）、銀箔（feuille d'argent）也是常見的裝飾元素。如果以新鮮水果裝飾，通常會在水果表面再薄薄刷上一層鏡面果膠，不僅為水果增添誘人的光澤，更能保護水果的細緻表面，減少乾燥損傷 [16]。非蛋糕類的甜點不見得有飾面，但裝飾邏輯是相同的。

　　通常裝飾的目的除了前面所說延長保存期限、使外表看來更誘人等較為明顯的理由之外，還包括掩飾不完美、暗示蛋糕的組成元素或口味、增加口感對比以及豐富蛋糕風味幾種可能原因。舉個例子說明，許多法式慕斯蛋糕在最底部會使用堅果碎或是各種脆片圍圈，有時也會使用巧克力飾片貼住邊緣，這不僅

15　法文的「enrobage」（名詞）是從「enrober」的動詞變化而來，就是「包裹」之意。通常「enrobage」就像打底一般，沒有光滑閃亮的效果，只是為了被覆蛋糕表面，所以後面才會需要另上鏡面果膠或噴上絨面的處理。

16　在水果或某些奶餡（例如檸檬塔的檸檬奶餡）表面塗上果膠，是出於美觀與保護水果的用意，因此果膠絕對不是主角，實際操作時也是點到為止，以薄薄一層覆蓋表面，不能影響水果或奶餡本身的口味與口感。

僅是為了外型美觀與增加口感的對比，也含有「遮蓋」鏡面不完美處的實際理由。因為處理鏡面如果動作不夠快，溫度下降後流動性就會變差，或是操作時疏忽造成覆蓋不均、最後分量不足等，這時如果能在底部貼一層堅果碎或在側邊貼上巧克力飾片，不僅為蛋糕的顏色與質地帶來變化，也能將整體修飾得更無暇。

法式甜點的裝飾還有一個很重要的目的，那就是暗示內部的組成元素或口味。正因為內裡都被覆蓋住了，所以要在外層利用裝飾指引顧客。

首先鏡面的顏色通常會使用能讓人聯想到口味的相同或接近色系，例如巧克力、咖啡、香草口味絕大多數會分別使用黑色、咖啡色與白色的鏡面，檸檬口味使用綠色或黃色，熱帶水果口味則可能使用橘色等。蛋糕上或外層的裝飾，也會使用內層的元素。榛果口味的蛋糕，最上方可能會裝飾榛果粒或榛果碎；巧克力覆盆子的組合，也可能在蛋糕頂端放新鮮覆盆子等。

通常在法式蛋糕上的裝飾，都會呼應口味或組成，不會為了裝飾而裝飾。譬如你大概不會看見巧克力蛋糕外面天馬行空地用開心果碎或薄荷葉做點綴，除

1 Jimmy Mornet 主廚為巴黎柏悅酒店設計的 2018 年聖誕節下午茶甜點，聖誕燈泡與聖誕帽造型的作品，外面就是用空氣噴槍噴覆了一層絨面。

2 Jimmy Mornet 主廚的 2019 年聖誕節下午茶甜點之一，巧克力慕斯蛋糕外層最下方以巧克力脆米圍邊，使細節更加完美。

3 Pierre Hermé Paris 的「無限香草塔」（Tarte infiniment vanille），在白色鏡面上撒了香草粉做裝飾，暗示並強調甜點的口味。

4 Des Gâteaux et du Pain 的「波斯花園」（Jardin Persan）（右前）是白桃與紅茶、小豆蔻為風味主題的塔，白桃果凍上方以紅茶葉與小豆蔻裝飾。其後的「覆盆子起司蛋糕（Cheesecake framboise）」則以鮮紅色鏡面呼應覆盆子口味，上方再以覆盆子、藍莓、紅醋栗與銀箔裝飾。

5 巴黎甜點店 Bread & Roses 的「反轉蘋果塔」，以馬斯卡彭香緹鮮奶油和粉紅胡椒裝飾。

非內部有開心果海綿蛋糕或薄荷奶餡。但有時候，裝飾本身也有可能帶有豐富與協調蛋糕風味的作用，譬如巴黎甜點店 Bread & Roses 的反轉蘋果塔（tarte Tatin），在頂端放了一球馬斯卡彭香緹鮮奶油（Chantilly au mascarpone），再撒上幾顆粉紅胡椒。醇厚的香緹鮮奶油柔和了蘋果的酸、粉紅胡椒則添加了一些舌尖上的熱度，意外地為這個甜點帶來一些俏皮。它顛覆了一般常見以肉桂搭配蘋果的組合，卻又用胡椒延續了這種溫暖感，相當有趣。

Claire Damon 主廚的「冰山崩解」（Fracas de la Banquise）。

甜點師的挑戰

　　除了不斷將經典的甜點做出形式與內容上的創新，發想新甜點時，能否合乎主題欲傳達的精神及抓住大眾的目光，也需要深厚的功力。舉例來說，Claire Damon [17] 主廚 2015 年為在巴黎舉行的聯合國氣候變化大會（COP21），創作了又名「COP21」的「冰山崩解」（Fracas de la Banquise）。蛋糕的呈現與裝飾方式不僅呼應組成（巧克力杏仁海綿蛋糕、黑巧克力慕斯、白巧克力甘納許），也美妙地將設計概念具象化。像這樣能帶給大眾新觀感的主題導向創作，是許多甜點師都需面臨的挑戰，外型與裝飾顯然是其中關鍵的一環。

　　法式甜點的裝飾是一門很大的學問，除了需有相當的知識與經驗才知道如何選擇合適的裝飾外，甜點師還要有一定的藝術美感才能做出賞心悅目的成品。這不完全是個人天分的問題，因美感是能夠訓練的，視覺上如何讓人感到賞心悅目也有一些基礎的規則可循。和製作甜點的任何一個環節都相同，這需要長時間的磨練與反覆思考，多方觀察、分析、嘗試是不二法門。

---

17 過去長時間中，曾為巴黎唯一一位擁有自己甜點店的女性甜點主廚，是大師皮耶・艾曼的弟子，也在瑞典娜廣場酒店與知名主廚 Christophe Michalak 共事多年。其作品簡潔精練，以水果為創作中心。她與法國各地小農合作，選用最好的產品，用各種不同的甜點來描繪當季水果的迷人風貌。

2-4
盤式甜點（dessert à l'assiette）的內涵與哲學

盤式 vs. 盤飾

　　在餐飲業中，特別是高級飯店與餐廳，餐後甜點與正餐的主菜同樣重要，且不管是設計、呈現（在盤中）、與完成後立刻上桌的方式（à la minute）都與料理的邏輯相同。由於主要在盤中呈現，這類的餐後甜點稱為「盤式甜點」（dessert à l'assiete），與「甜點店式的甜點」（pâtisserie de boutique）相對。它作為一種獨立的甜點形式逐漸發展，現在除了在旅館、飯店、餐廳中可以享用之外，包含法國、日本、新加坡等地，也都出現了盤式甜點專門店，台灣現在也有極少數需要預約的甜點私廚有提供這樣的餐點形式。

　　台灣許多翻譯都將「dessert à l'assiette」譯為「盤飾甜點」，字面看來或許

1 新加坡甜點師 Janice Wong 的招牌甜點之一「京都庭園」（Kyoto Garden），在盤子上以甜點重現了日式枯山水庭園的特色。

2 東京 ESqUISSE CINq 甜點店內，甜點師將盤子作為畫布，為客人準備甜點。（該店已停業）

較為精緻，但很顯然過於限縮了這個甜點的內涵、也弄錯了創作時的思維模式。「盤式甜點」並不是預先做好一個一個甜點、然後盛裝在盤子上、最後加上裝飾而成，而是在盤子上呈現一道甜的菜式，內容可以包含水果、蛋糕、冰淇淋、巧克力、糖工藝，以及前面提過的所有麵糊、奶餡、裝飾等技巧。當一個甜點師構思一份盤式甜點的時候，就是將盤子當成盡情揮灑的畫布，利用「在盤中呈現」的特性將甜點的結構打散重組，同時考慮功能性目的與視覺效果，在設計甜點的同時選用合適的盤子、或是配合盤子的特性設計甜點，將兩者結合為一個完整的藝術品呈現。這種創作哲學與「料理」（cuisine）是一致的，而高級餐廳的盤式甜點，更絲毫不輸給前菜與主菜，顧客可以從中讀出主廚想傳達的訊息、希望分享的故事。值得注意的是，有時候主廚可能判斷某一道甜點適合清晰直接地呈現主題，不需要在盤子上做額外的裝飾，因此即使是「盤式甜點」，也可能根本沒有「盤飾」。

1 知名甜點主廚 Claire Heitzler[18] 在 2015 年 10 月出版的食譜書《甜點師 Claire Heitzler》（*Claire Heitzler Pâtissière*）內分享許多她招牌甜點的設計圖。從這些設計圖可以清楚看到一個盤式甜點發想的過程，是將甜點結構、呈現方式與盤子選擇一起考慮的。譬如她某次拜訪巴黎一家啤酒專賣店 La Cave à Bulles 後得到靈感，將啤酒與大麥麥芽的風味以芭菲（parfait）及奶酥等甜點元素重新詮釋。筆記中註明要嘗試將多種水果像串珠項鍊般擺盤，並推敲了幾種不同的呈現手法。最後的成品請見下圖。（翻拍自 *Claire Heitzler Pâtissière*）

2 Claire Heitzler 主廚的盤式甜點作品「Parfait à l'orge maltée, coings & fraises des bois（大麥麥芽芭菲、榲桲與野莓）。（翻拍自 *Claire Heitzler Pâtissière*）

3 巴黎一星餐廳 Septime 的餐後甜點「Ile flottante, maïs, caramel à la sauge（漂浮島、玉米、鼠尾草焦糖 。由於需要呈現蛋白霜漂浮在液態蛋奶醬中的情景，使用有深度的碗呈現。除了甜點主體外，完全沒有多餘的裝飾。

4 Maxime Frédéric 主廚的招牌盤式甜點作品「蛋白霜之花」覆盆子版本，選用花瓣型的盤子與之搭配，旁邊僅略略點綴了一些乾燥覆盆子。

---

18 法國最知名的甜點主廚之一，2012 年獲得《主廚》雜誌（Le Chef）的「年度最佳甜點主廚」榮耀，2013 年 《高 & 米歐》評鑑也給了她相同的肯定，2014 年她又獲法國甜點協會（ Relais Desserts ）頒發年度「傑出最佳甜點師獎」（Prix d'Excellence du Meilleur Pâtissier ）。她於 2010-2015 年擔任巴黎星級餐廳 Lasserre 的甜點主廚，2016 至 2018 年則為 Ladurée 集團的甜點創作總監，目前創立自己的公司，專心於甜點顧問、創作與教學。在 2015 年 7 月離開 Lasserre 餐廳之前，她曾經開發與法式料理結合的全甜點菜單「Séquence Sucrée」，大量使用當季蔬果，用甜點的方式與技巧來做料理，口味清爽細緻，在甜與鹹的邊界上做了一系列的大膽嘗試 。

Maxime Frédéric 主廚為巴黎喬治五世四季酒店內的一星餐廳 L'Orangerie 創作的「Fines feuilles & soufflé, chocolat noir, cardamome」（黑巧克力薄片與舒芙蕾、小荳蔻）盤式甜點。享用之前，侍者會在顧客面前將巧克力醬緩緩注入盤中。微溫的巧克力與小荳蔻冰淇淋間冷熱溫差、酥脆與綿密口感的對比，只有在盤式甜點上能夠實現。

盤式甜點不等於「將甜點做好放在盤子上」

　　盤式甜點由於是在餐廳內做好後立刻送上桌，客人當場品嘗，所以能夠使用的甜點素材與表現方式比甜點店要多上許多。稍縱即逝的冰淇淋、舒芙蕾、泡沫；脆弱的巧克力、糖工藝裝飾；容易變得濕軟的蛋白霜餅與各種脆片；很快就萎謝的新鮮香草與花朵；需要有深度的容器才能盛裝的液體；冷與熱溫度的對比，利用容器平面與立體空間的維度表現等，都只有盤式甜點才能做到。如本節搭配的照片所示，甜點主廚在設計盤式甜點時，是「在盤子（或容器）上呈現一道甜點」，並非僅「將做好的甜點放在盤子上」再行裝飾。

　　在台灣比較常見、使用盤子盛裝的甜點，可能是冰淇淋或鬆餅加上巧克力醬與杏仁片等裝飾，但如前所述，相對於整個盤式甜點類別所能表現出的變化與維度，這樣的甜點表現法都很粗淺。另外在台灣也常會看到的，可能是在甜點店、咖啡店或飯店下午茶，顧客在甜點櫃中選好甜點後，由店家和服務人員將甜點盛盤，有時候會在旁邊加上一些裝飾（多半仍然是果醬、巧克力醬、杏仁

Maxime Frédéric 主廚的「Croustillant vanille de Tahiti, céréales maltées」（酥脆大溪地香草、麥芽發酵穀物）。白色圓柱是大溪地香草慕斯，中間藏了牛奶醬（confiture de lait），黑色圓柱則是黑米粉製成的瓦片（tuile de farine de riz noir）與白乳酪大溪地香草雪酪（sorbet au fromage blanc à la vanille de Tahiti），底下則是削成薄片的帶皮杏仁和麥芽口味的奶酪（panna cotta au malt）。細緻的質地以及特殊的呈現方式只有在盤式甜點上才能實現。兩張照片一起觀賞，可以發現擺盤不管在平面還是立體空間都有所講究。

或榛果片與糖粉之類的，有時加上一球冰淇淋）。這樣的甜點只是「放在盤子上的甜點」，而不能稱為「盤式甜點」。

　　以巴黎的豪華飯店為例，通常下午茶時間所供應的單點甜點[19]，正是「甜點店類型的甜點」。它們和一般甜點店一樣放在蛋糕櫃中，或是由服務人員以托盤方式呈現（當然原料、作法、技術比一般甜點店進階許多）。而當顧客在飯店內坐下來享用，這些甜點上桌時的呈現方式，就和我們在台灣吃下午茶時所期待的差不多，就是放在盤中的甜點，唯一的差別可能是盤子與裝飾素材都更為講究。但如果將這些甜點與飯店內餐廳的餐後甜點做比較（將第 112 頁照片與第 106 頁、107 頁、109 至本頁照片等對照一起看），就能夠看出兩者之間巨大的不同。餐廳的餐後甜點，因為屬於正餐的一部分，因此會如前所述，設計更加豐富與細緻，也會使用更多時效性較短的元素。

19　通常會稱為「推車甜點」（desserts du chariot），以和包含整個三層架甜鹹小點與熱飲的套餐（formule）做區隔。

巴黎莫里斯酒店「達利廳」的下午茶甜點，是將知名甜點主廚 Cédric Grolet 的創作直接盛盤。這組盤子是 2014 年底為達利廳特地訂製的，雖然並未額外在甜點以外另做裝飾，但仍然可以發現擺放的位置是經過思考、配合盤子本身的圖樣設計而成。

巴黎三星餐廳 Guy Savoy 的餐後「前甜點」（l'avant dessert）——「Brunoise de champignons de Paris, sorbet chèvre, chips de champignons de Paris, tuile de cookie et oxalis」（巴黎蘑菇切丁、山羊乳雪酪、巴黎蘑菇薄片、餅乾薄片與酢漿草）。在山羊乳雪酪中混合了牛奶，風味柔和。盤中的蘑菇與 Guy Savoy 的招牌黑松露湯、蘑菇麵包呼應，酢漿草則一點帶來清新的酸味。是一款充份發揮了大自然與大地風味的甜點。

盤式甜點的挑戰

　　由於呈現平台及品嘗時機特殊，「盤式甜點」比「甜點店的甜點」有更多表現空間，但也正因為如此，甜點師們面臨的挑戰也更為複雜。為甜點店製作甜點時，除了外觀與結構外，考慮的可能更多是運送、保存的穩定性，盤式甜點則要注意更多細節的處理與對比，例如口感、溫度、質地，甚至是空間的使用。另外，因為同樣放在盤中，主角與配角間的比例與平衡，從分量、擺放位置（平面）到高度（垂直空間）都需要一併納入考量，因而對美感的要求更高。更進一步，因為盤式甜點通常會在餐後享用，甜點主廚們還需要與餐廳主廚討論，與當時的菜色互補搭配。

　　餐廳與飯店的甜點廚房工作節奏也與甜點店不同。因應開店所需，通常甜點店的甜點師們會在一早將前一天準備的各個零件組裝起來，完成最後裝飾等，

1 巴黎三星餐廳 Alléno Paris au Pavillon Ledoyen 的餐後甜點「Mousse aérée de cacao fleurée de sel, mucilage de fèves fermentée」（可可鹽之花空氣慕斯、發酵蠶豆黏質多糖）。充滿空氣感的巧克力慕斯會隨著時間經過、溫度上升最後融化坍塌，也是一道需要良好時間掌控的甜點。

2 Jimmy Mornet 主廚為巴黎柏悅酒店創作的 2019 年聖誕節下午茶套餐中，包含一個非常精細的盤式甜點：在「吹糖」（sucre soufflé）技巧製成的南瓜殼中擠入南瓜柚子內餡，再加上焦糖南瓜子、栗子利口酒雪酪，最後盛放在非洲黑糖林茲沙布列餅乾上，旁邊點綴柚子糖煮南瓜。其中吹糖製成的南瓜殼非常脆弱，操作時需要極度小心，對需要大量製作的下午茶甜點來說是高難度的挑戰。

下午則是製作各種半成品如塔皮、海綿蛋糕基底、奶餡、慕斯等，因此早上開店前的數個小時，是甜點店工作最忙碌的時間。與此相較，餐廳與飯店的甜點師們在午餐與晚餐前都是準備時間，步調也稍微慢一些，但午餐與晚餐後半的「出餐」（au service）時間則是廚房內最緊張忙亂的時刻。由於餐廳是點單後才現場組裝、製作完成上菜，但客人們的等候耐性有限，所以「快」是第一要素。另外由於同一桌的甜點需要同時上桌，而不同客人不見得會點同樣的甜點，製作時的時間掌握與團隊協調就變得格外重要。比如一桌兩位客人，一位點了出烤爐後會很快坍塌的舒芙蕾，另一位則點了製作較為複雜的巧克力甜點，甜點師們就要隨時彼此確認進度，才不會舒芙蕾做好了，另外一樣卻一直不能完成，最後導致失敗不能上桌。有一位在倫敦三星餐廳工作的朋友曾經私下向我透露，每次只要有人點了舒芙蕾，她都會特別緊繃，因為失敗而導致整個廚房節奏大亂的案例著實不少。

在法國知名甜點競賽節目《誰是下一位甜點大師？》第二季中，描繪參賽者被派去勃艮第（Bourgogne）羅萊伯納德洛梭酒店（Relais Bernard Loiseau）中

的三星餐廳 La Côte d'Or 實習（2020 年為二星），其中一項任務是由三位甜點師分別負責不同的甜點，在晚餐時段出餐服務。其中一位因為過去沒有在餐廳工作的經驗，但被要求負責一個需要處理極度脆弱的糖裝飾甜點，結果壓力過大一再失敗，弄碎了許多半成品，最後被主廚下令和其他人交換工作[20]。由此可見即使同樣是甜點師，處理不同類別的甜點、適應不同的出餐方法，都有「隔行如隔山」的挑戰。

---

20 掃描 OR code 可連至《誰是下一位甜點大師？》的官方 YouTube 頻道上觀賞本段影片，
　　在 1:16:43 至 1:21:30 及 1:26:38 至 1:31:38 等兩個片段中可以看到晚餐出餐時，整個廚房喘不過氣、壓力爆表的狀態。

2-5
在法國，我們不說廚房，我們說「實驗室」

我還記得剛剛到巴黎斐杭迪高等廚藝學校開始上課的時候，發現上課地點，也就是專業的甜點廚房，被稱為「laboratoire」，口語簡稱「labo」。那時候沒有深入思考，雖然覺得不是叫做「廚房」有點奇怪，但也逐漸接受了那個充滿各種專業設備、器具的作業場所跟家裡的廚房確實不同，用不一樣的單字稱呼也很正常。不過甜點是一門精確的科學，需要精準的測量與操作，才會得到預期的結果。既然每一道食譜都需經過無數次測試，甜點師們又需要操作各種專業器材製作甜點，那專業廚房和科學實驗室在概念上確實沒有差距太大。

比起料理，甜點需要用到的器材似乎更多、也更複雜。如果打開甜點師和廚師的工具箱比較，會發現後者充滿了各種尺寸與用途的刀具，但前者的工具箱裡，刀具只占一部分。基礎的工具還會有刮板、刮刀、抹刀、攪拌棒、打蛋器、

1 在法國，專業廚房被稱為「laboratoire」，跟「科學實驗室」是同一個字。
2 我的專業甜點工具箱。曾經想要換一個輕便的袋子取代笨重的箱子，無奈工具太多、專業廚具用品店又只找得到廚師使用的刀袋，在過去幾年中超過十次以上的搬家都只能帶著它。

擀麵棍、擠花嘴等，也會有電子秤、溫度計、電子計時器等。這些器具能夠做出基本的甜點，但如果要加入更多變化、或是讓成品更細緻完美，在現代甜點廚房中，還有更多先進的科技與設備可以使用。

以作業內容分割區塊的甜點廚房

　　一般專業甜點廚房的作業場所分成兩區：「冷區」（zone froide）與「熱區」（zone chaude）。在前一節提過，相較於烤箱，冷凍庫與急凍箱更是甜點廚房的命脈。在法國的專業甜點廚房裡，有烤箱、發酵箱等加熱食材的「熱區」占整個廚房的比例相對低，不管是儲藏食材的櫃子、保存新鮮食材、半成品的冷藏室、冷凍室，還是作業需要的冷藏工作檯、冰箱、冷凍庫，甚至放置大型攪拌機、揉麵機、壓麵機等的空間，統統都屬於「冷區」。 甜點對熱度與濕度特別敏感，如千層派皮、塔皮、打發鮮奶油等的製作，更容易因為高溫而失敗，所以甜點廚房一定有空調、需要長期控溫。

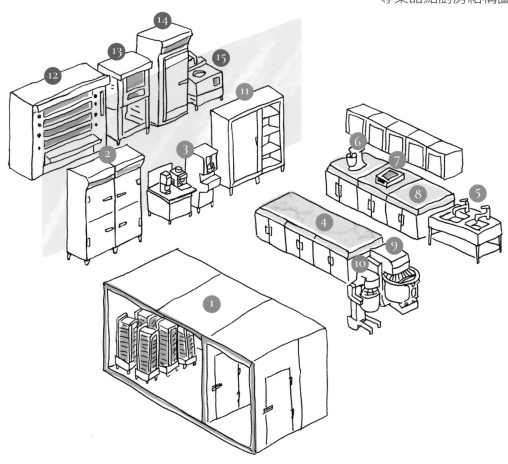

冷區（Zone froid）

1. 冷藏室（正或負溫）（CF+/CF-）
2. 急凍箱（Surgélateur）
3. 製冰區（Glacerie）
4. 大理石工作檯（Plan de travail / travail en marbre）
5. 洗碗槽（évier）
6. 桌上型攪拌機（Robot de table）
7. 可移動式電磁爐（Plaque à induction mobile）
8. 冷藏工作檯（Table de dressage / tour réfrigérée）
9. 和麵機（Pétrin）
10. 攪拌機（Bateur-mélangeur）
11. 不鏽鋼儲藏櫃（Armoire de rangement inox）

熱區（Zone chaude）

12. 層爐（Four à sole）
13. 旋風式烤爐（Four ventilé）
14. 發酵室（Chambre de pousse / étuves）
15. 調溫機（Tempéreuse）

莫里斯酒店的甜點「實驗室」，照片最左方的工作檯上方擺了冰淇淋攪拌機（turbine à glace）、桌上型攪拌機與食物調理機（robot coupe）。

與時俱進的科技與設備

　　從現代甜點廚房的規畫，便可以看出科技影響甜點之巨大。在冷藏與冷凍技術還沒有發明時，製作甜點自然比現在困難許多。冷藏與冷凍技術不僅大幅延長了食材的保存期限，更根本地改變了甜點的製作方法，創造出許多在過去不可能出現的作品。例如在卡漢姆的時代（1784-1833），可以用糕點師麵糰（pâte d'office）、糖、杏仁、杏仁霜等製作出大型的甜點裝置藝術，但幾乎無法做到如當今能自由疊加組合不同質地、口感的「法式蛋糕」。而由於保存的問題，許多甜點都必須要在上桌前才能製作，不能事先做好半成品再一一組裝，可以想見當時甜點師的工作負荷有多重。

　　科技沒有停止往前進步的結果，不管是在料理廚房還是甜點廚房，烹飪與製作甜點的技術也都隨之改變。大概是 2000 至 2010 年左右，「分子廚藝」（cuisine moléculaire）大盛。引領該風潮的西班牙傳奇名廚 Ferran Adrià 除了在他的餐廳 El Bulli 創作出各種挑戰人們認知與感官經驗的菜色外，也成立了一個專門

1 Yann Couvreur 主廚示範使用噴霧氣槍將蛋液均勻噴灑在塔殼上。（照片提供：© Esther Lai，Instagram @lai.lai.lai）

2 Cédric Groelt 主廚的某些水果雕塑的元素中會使用卡拉膠或玉米糖膠等，達到理想的口感或外觀。

3 巴黎半島酒店（The Peninsula Paris）的甜點主廚 Dominique Costa 主廚 2019 年的聖誕節蛋糕創作「魔幻葡萄藤」（Vigne Enchantée），就是與 Mokaya 合作以 3D 列印技術打造特殊模具製成。

販賣各種化學添加物的品牌 Textura，向廚藝界推廣 El Bulli 式的烹飪法。包含球化劑（Spherification）、凝結劑（Gelification）、乳化劑（Emulsification）、增稠劑（Thickeners）、驚喜口感（Surprises）等 5 個產品線的食品添加劑，能夠改變食材的質地，創造出新奇的味覺體驗。甜點界沒有置身分子廚藝的浪潮之外，更有甚者，由於甜點界一向較廚藝界更熱情地擁抱食品添加物如香料、色素等，Textura 以及一眾食品廠商推出的產品大受歡迎，被廣泛使用在各種甜點製作中，例如 Cédric Grolet 主廚的某些水果雕塑，在做外層覆面的時候，便有運用到卡拉膠（kappa）來創造閃亮的效果，內餡（insert）或打發甘納許（ganache montée）有時則會使用玉米糖膠（xanthan gum）來增稠。

　　除了處理食材、改變製作方式外，科技也創造出了許多新的設備，像能夠高

3

速攪打冰淇淋與雪酪的「冰淇淋攪拌機」（turbine à glace），可以將麵糊、奶餡等質地混合更細膩均勻的「手持式均質機」（mixeur plongeant）等，都已經是現代甜點廚房內的基礎設備。其他還有例如能將甜點外層噴出細緻絨面的「噴霧氣槍」（aérographe）（有時在口語中稱為「pistolet」）、方便製作慕斯與泡沫的「虹吸氣壓瓶」（siphon）、「真空低溫調理機」（sous-vide）、能瞬間冷凍的液態氮噴霧等，都讓甜點作品能夠不斷創新，使甜點師能實現更多天馬行空的想像。

　　近幾年 3D 印表機在許多領域都受到重視，把甜點廚房稱為「實驗室」的甜點界，自然也不落於人後。3D 印表機協助了許多甜點主廚與品牌創作出獨一無二的模型，不僅讓蛋糕的造型更自由不受限，也增加了糖與巧克力雕塑的表現力。3D 印表機在甜點界的使用比一般人想像得更普遍，不僅有品牌專門與甜點主廚合作製作 100% 客製化模型，如法國的 Mokaya；甚至有主廚以其運用出名，例如建築師背景出身的烏克蘭女主廚 Dinara Kasko。她以 3D 印表機製作多種造型炫目、以幾何線條呈現韻律美感的矽膠蛋糕模型；也用金屬切割銑

床切割巧克力片、製作出精確的巧克力裝飾，完成一個個宛如裝置藝術的造型蛋糕 [21]。知名甜點主廚 Amaury Guichon [22] 精巧逼真的甜點創作，也有許多零件的模型是交由 3D 印表機製作。

回歸簡樸、自然、健康的渴望

然而，即使如今的甜點界能夠運用各種高科技產品製作出極端前衛的作品，更主流的思考反而是返璞歸真，崇尚簡樸天然、彰顯手工與時間的價值。消費者開始排拒食品添加物，對色素、香料的使用也更為敏感；同時間也有越來越多甜點主廚響應健康、自然、不做過多裝飾的創作概念。正如同分子料理的熱潮已退，新科技的使用固然能突破舊有的限制並帶來感官衝擊，甚至象徵著人類一再挑戰與征服曾經未知的領域，但能夠藉由享受美食欣賞四季的恩賜，進而感受與大自然和諧共存的生活，也是許多人認同的價值。品嚐甜點的目的本來便是享樂，從中得到幸福感；甜點師挖空心思創造出的作品，最終也就是希

1 Yann Couvreur 主廚為 2019 年聖誕節設計的「慵懶聖誕」(Chilling Christmas) 聖誕節蛋糕。趴在木柴上的狐狸巧克力雕塑模型便是使用 3D 印表機製作。

2 比起那些精緻華美、運用高超科技與複雜設備做出來的蛋糕，外觀單純、口味雋永的瑪德蓮，或許更能在記憶中留下難以忘懷的痕跡。照片中是克里雍酒店「冬之花園」下午茶廳的瑪德蓮。

望能帶給人們快樂，能從味蕾與視覺的滿足中感到愉悅。造型繁複、口感新奇的蛋糕，有時也許還不如一個單純的瑪德蓮（madeleine），能在馥郁的奶油與蛋香中帶你穿越時空，回到某個寧靜美好的午後，重溫與誰一起共度的時光。

---

21 可以在她的個人網站看到她的作品與 3D 列印技術、模具等：http://www.dinarakasko.com。

22 社群媒體當紅的明星甜點主廚之一，是甜點競賽節目《誰是下一位甜點大師？》第一季季軍，以一系列展現高超甜點與巧克力雕塑技巧的影片聞名全球。截至 2020 年 3 月中，Instagram 超過 220 萬追蹤數、Facebook 超過 92 萬人追蹤。目前擁有自己的甜點學院「Pastry Academy」，並已二度訪台。

Chapitre 3

鑑賞

Dégustation

1

3-1
為什麼法式甜點需要鑑賞？

在問這個問題以前，或許我們需要先回答的是「為什麼我們要品味食物」？

口味之上還有智識的樂趣——吃與品嚐的差別

法國知名美食家薩瓦蘭在他的暢銷名著《味覺生理學》中開頭的〈教授格言〉（Aphorismes du Professeur）裡，曾經一針見血地這麼說：「動物求飽足而人類吃東西，但唯有智者才懂得怎麼吃。」（Les animaux se repaissent; l'homme mange; l'homme d'esprit seul sait manger.）可見「吃飽」、「吃」跟「懂得吃」是不同的層次。不僅是法文，中文裡也有許多不同的詞彙用來表達這些層次差異。「品味」、「鑑賞」都是比較高層次的「吃」，前者通常包含了時間性，

1 Maxime Frédéric 主廚創作的「巧克力皮埃蒙榛果修女泡芙」（religieuse chocolat-noisette du Piémont）。除了無法拒絕的美味之外，如果了解修女泡芙的結構、泡芙麵糰的變化，會更能欣賞這個創作的有趣之處。
2 薩瓦蘭的《味覺生理學》出版後極受歡迎，再版無數次。圖中是 1848 年配了插圖的版本的卷首（Gabriel De Gonet, Paris），左頁是薩瓦蘭的畫像。（圖片來源：Wikimedia Commons。Special Collections Research Center, Kelvin Smith Library）

例如我們會拿「細細品味」與「狼吞虎嚥」做對比；而不管是品味還是鑑賞，都暗示在吃的動作之外，還包含智識層次，例如暸解食物的來源產地、歷史掌故、文化意涵等。

　　根據法國權威字典之一的拉魯斯（Larousse）字典解釋，「鑑賞」（déguster）意指「為了欣賞其味道與特色而品嘗一種食物、一種飲料」（Goûter un aliment, une boisson pour en apprécier la saveur, les qualités.）或「在愉悅地吃或喝東西時品味與欣賞它」（Manger ou boire quelque chose avec plaisir, en savourant, en appréciant.）。在法國，如果你去一家甜點店或茶沙龍，店員在結帳或將甜點上桌之後，一定會說一句：「bonne dégustation!」意思便是「品嘗愉快」，不同於在吃飯前說的「bon appétit!」（可直譯為「祝胃口大開！」），因為通

《老饕年鑑》第三期（1805）的卷首插圖「美食鑑賞評審會」（Séance d'un Jury de Gourmands dégustateurs），描繪了美食鑑賞會評審圍坐圓桌品嘗美食、旁邊還有專人負責記錄評審結果的情形。（圖片來源：gallica.bnf.fr│Bibliothèque nationale de France）

常在品嘗甜點時，我們都已經吃飽了，或是已用完正餐。吃甜點從來不是為了飽足，而是為了樂趣（plaisir）。樂趣與愉悅感的來源不僅僅是口味的滿足，如果也能從知識、美感等其他層面獲得，想必更能欣賞眼前的美味。

　　法國人在「鑑賞」、「品味」美食方面被公認是全世界的翹楚，他們不僅創立了全球第一個美食評鑑《老饕年鑑》，連「美食家」都有如 gourmet、gourmand、gastronome、épicurien 等好幾個著重不同意涵的單字[1]。談論美食顯然是法國人生活的一部分，法國 France Inter 廣播電台每週日早上 11 點至中午 12 點，有一個極受歡迎的廣播節目《一起來品嘗》（On va dégusterr），由知名美食記者與評論家法蘭索瓦芮吉・高帝（François-Régis Gaudry）主持，邀請各界來賓在節目中討論世界各地的美食、食材、食譜、飲食文化、飲食界名人軼事等等相關議題，節目中不光只是漫談與討論，還會請到大廚與職人現場實際烹調與嘉賓一起品嘗。這個節目從 2010 年 6 月開播至今已超過 9 年，高帝更將節目內容彙整成兩部美食寶典《全世界最好吃的書》（On va déguster）與《全法國最好吃的書》（On va déguster: la France）出版[2]，除了編輯嚴謹、

資訊豐富、口吻幽默之外,更有精彩的插圖與照片,不管是美食家、愛吃的人還是文化研究學者都值得收藏。從本節目與本書的大受歡迎,就能夠明白,吃東西是樂趣,但懂得如何吃更有樂趣。

以作業內容分割區塊的甜點廚房

　食物如此,甜點也是如此。法式甜點固然因其長久的發展歷史、特殊的文化以及複雜精細的內涵成為全球甜點界的標竿,甚至和法式料理一樣,成為甜點師躍上世界舞台必須要說的官方語言。但拋出「為何法式甜點需要鑑賞」這個問題並非意指法式甜點與其他國家、文化的甜點相較有高下之分,更值得品味與鑑賞,其實是因為它的內涵複雜,不管是製作方法或材料都和亞洲傳統毫不相似,且發展至今更超越了附屬於餐點之下的地位,有其特殊性。因此,不管是從掌握其味道、製作方法,到能夠理解其製作哲學、製作者理念、文化等面向來談,都需要超越「好吃」、「不會很甜、很膩」的理解與評價。薩瓦蘭的〈教授格言〉中最知名的一句「告訴我你吃什麼,我就知道你是怎麼樣的人」(Dis-moi ce que tu manges, je te dirai ce que tu es.),生動地勾勒出透過飲食,我們能深刻瞭解一個人;但透過飲食,又何嘗不能瞭解異文化?

1　可參考《饞:貪吃的歷史》,特別是導言與第四章。
2　兩書皆已有中譯版,分別是:王晶盈、林琬淳、張懿德譯,《全世界最好吃的書:餵養你的美食靈魂》,台北:三采文化;洪碧霞、柯志儀、謝珮琪、許雅雯、林琬淳、粘耿嘉,《全法國最好吃的書:成就你的法式美食偏執》,台北:三采文化。

Julien Delhome 主廚創作的「芒果花形塔」(Tarte fleur de mangue)，以芫荽芒果果凍搭配芒果百香果奶餡與椰子夾心，並在芒果薄片上以芫荽葉裝飾。

在第二章曾經提到，法式甜點由許多不同元素層層堆疊構成的特點，這不僅讓製作過程更加複雜，需要更多製作時間，必須掌握各種不同的專業技術，也讓「品嘗」與「鑑賞」有其必要性與樂趣。即使是作品內容單純的時候，也需要了解食材來源、製作技巧、來源掌故等，如果元素眾多，可供品味、欣賞的空間自然更大。素材的搭配有其文化淵源，也需要考慮主廚的創作哲學與個人風格。舉例來說，當我剛剛到法國時，想都沒想過這世界上有「開心果與覆盆子」、「鳳梨與茉莉花茶」、「熱帶水果與芫荽」等等的搭配法，但這是法國相當常見的組合，就像在台灣我們可能會將紅豆配抹茶、花生搭芫荽一樣。甜點元素的使用更是如此，如果不了解經典甜點的結構組成，又怎麼能看懂創作者在哪裡做了變化、哪裡是原創、哪裡是傳統、哪裡又是從別人那裡得到的靈感與借鏡？

飽含法國美食相關知識、食譜、名人軼事、歷史掌故的《全法國最好吃的書》。書中每一個主題都非常有趣,圖中右頁是在簡介「維也納麵包家族」(La famille viennoiserie),左頁則是在介紹「Les caves à manger」,這是一種結合「酒品專賣店」(cave à vins)與「餐廳」(salle à manger)的新興餐廳,提供「天然葡萄酒」(natural wine,又譯為自然酒、自然葡萄酒)和優質農產製成的簡單菜餚。

與創作者對話、體驗美好的極致——品味甜點就是藝術鑑賞

在當代，一位主廚如何用自己的創作說出完整的故事已是基本要求，把故事說好、說動聽是初級挑戰，更進階的是如何說出擁有鮮明個人風格的故事。如何讓消費者能在喧囂中一眼辨認出自己的作品，於品嘗時再次確認和諧無扞格的完整敘事，是現代主廚不可避免的功課。誠然一句發自內心的「好吃」，或是一掃而空、毫無殘羹的碗盤，對一位主廚來說是實質無比的讚美，但如果消費者與甜點愛好者、甚至粉絲，能夠從細節理解創作者的用心，具體說出作品與眾不同的原因，更是對職人與專業深刻的尊重與回應。

以瑪德蓮這個經典到不能更經典的法式甜點為例，貝殼型的小蛋糕鬆軟馥郁，是所有法國人都熟悉不已、代表童年味道的點心。法國大文豪普魯斯特（Marcel Proust, 1871-1922）在他那部被譽為「20 世紀最偉大小說」的《追憶似水年華》（*À la recherche du temps perdu*）中，將浸了熱茶的瑪德蓮作為故事的起點，以氣味和滋味牽引起對回憶與消逝時光的追索。瑪德蓮不僅從此聞名

1 巴黎麗池酒店的下午茶甜點，有看到托盤中央的巨型「瑪德蓮」（Madeleine）嗎？
2 「瑪德蓮」法式蛋糕，是 François Perret 主廚的代表作之一。
3 「瑪德蓮」的斷面，可以清楚地看到中間是薩瓦蛋糕，上方有一層豐厚的栗子花蜜奶餡，最外層則是清爽的鮮奶油慕斯。這是一個標準的「法式蛋糕」結構。

全球，嗅覺與味覺霎那間勾起回憶的現象更被稱為「普魯斯特現象」（Proust phenomenon）或「小瑪德蓮現象」（Petites Madeleines' phenomenon）。

2019 年獲得《法國美食評鑑》（Les Grandes Tables du Monde，又名《大公雞指南》）頒發「全球最佳餐廳甜點主廚（Meilleur Pâtissier de restaurant du monde）」的巴黎麗池酒店甜點主廚 François Perret [3]，有個將瑪德蓮重新詮釋的招牌作品「瑪德蓮」（Madeleine）。他的創作將這個單純美好、充滿奶油香的小點心轉化為內涵豐富的「法式蛋糕」：輕柔的香草鮮奶油慕斯（mouse

---

3 現任巴黎麗池酒店甜點主廚的 François Perret 經歷顯赫，幾乎在巴黎所有宮殿級酒店都工作過，且晉升極快。他的甜點師之路始於莫里斯酒店，接著在巴黎喬治五世四季酒店擔任甜點副主廚，然後於巴黎蘭卡斯特酒店（Hôtel Lancaster Paris）登上主廚之位。2010 年他協助巴黎香格里拉酒店（Shangri-La Hotel, Paris）開幕，並很快幫其餐廳 L'Abeille 取得米其林二星。接著他加入巴黎麗池酒店，與主廚 Nicolas Sale 的協力合作，籌備此傳奇酒店歷經 4 年整修後的重新開幕。巴黎麗池酒店的兩間餐廳在重新開幕 1 年後，便奪下米其林二星（La Table d'Espadon）與一星（Les Jardins d'Espadon），他和 Nicolas Sale 也分別囊括 2017 年由《主廚》雜誌頒發的年度甜點主廚與年度主廚獎項。2019 年 10 月，又被《法國美食評鑑》選為「全球最佳餐廳甜點主廚」。

你的甜點上桌了嗎？別忘了在它短暫的存在時間裡細細品味！照片中是 Maxime Frédéric 主廚的「Dentelles de sarrasin torréfiées, raisins glacés au rhum」（烘烤蕎麥薄片、蘭姆酒漬葡萄），是一道訴說了他的童年記憶的甜點創作，元素簡潔但手法細膩。

Chantilly à la vanille）包裹著充滿木質香氣的栗子花蜜奶餡（crémeux au miel de châtaignier），中間藏著以烘烤過的杏仁薄片包覆的薩瓦蛋糕（biscuit de Savoie aux amandes torréfiées）。雖然外觀是個巨型的瑪德蓮，但口味輕盈，以玉米澱粉取代部分麵粉的薩瓦蛋糕，較傳統的瑪德蓮的蛋糕麵糊更清爽且充滿空氣感。傳統的瑪德蓮食譜有的會在麵糊中添加蜂蜜，François 主廚則選擇直接將蜂蜜做成奶餡，增加其口感分量。他選擇使用極具個性的栗子蜂蜜，其輕微的苦味與木質香氣平衡了原本壓倒性的甜味。

　　如果你對 François 主廚有所認識，會知道他過去有幾個非常知名的招牌作品，如「蜂巢」（La ruche au miel）、「蜂蜜」（Le miel）都是以蜂蜜為主題，顯然對此情有獨鍾。他也曾經提到自己認為甜點需要同時夠慷慨、也夠輕盈，因為人們是在甜點裡尋求安慰，卻不喜歡因為分量過多或口味太膩而無法完食。這樣的創作哲學讓他選擇將瑪德蓮慕斯蛋糕尺寸放大，但在口味與質地

的選擇上刻意使其更加清爽，顧客品嘗起來特別滿足卻不至於剩下。瞭解了甜點的元素、主廚的創作哲學，如果你更進一步認識巴黎麗池酒店的歷史，知道普魯斯特晚年曾在此長住，酒店中甚至有一個以普魯斯特命名的下午茶廳「普魯斯特沙龍」與重現普魯斯特當時居處的高級套房「馬歇爾・普魯斯特套房」（Suite Marcel Proust），就更能明白為何 François 主廚會選擇重新詮釋這個對普魯斯特寫作生涯有特殊意義的甜點。

好看、好吃的甜點作品除了終將消逝的特點外，不管是使用的工藝、知識、科學、美感、概念，沒有一樣跟藝術作品不同。如果我們認為藝術作品應該被仔細推敲、玩賞，為什麼甜點不該？這種「曇花一現」且「必須被消滅」的特性，其實也是甜點比其他藝術創作更有趣之處。眼睛欣賞完，我們不僅能從視覺上記憶它，還能用脣齒、味蕾、胃袋與心切身地感受它，最後與其融為一體，這樣的體驗不是所有的藝術鑑賞都能提供的。

品味與鑑賞並非吹毛求疵，也不是戰戰兢兢、深怕犯錯的焦慮體驗，而是在品嘗時，能夠最大限度地去體會眼前作品的美好之處；在發揮好奇心與求知慾的尋道途中，享受發現新世界與拓展自己界限的快樂。

《味覺生理學》暢銷不是沒有原因，薩瓦蘭不僅懂吃，還是金句製造機。〈教授格言〉中他還說了：「餐桌是唯一一個在開頭一小時內絕對不會讓人感到無聊的地方。」（La Table est le seul endroit où l'on ne s'ennuie jamais pendant la première heure.）而我相信，如果一小時之後還覺得無聊，那一定是甜點還沒上桌的緣故。

1

3-2
魔鬼藏在細節裡

　　有一回，我和朋友一起在台北某家盤式甜點專賣店喝下午茶，那時候開始很習慣仔細觀察所有的甜點作品，但或許因為看得太深入，還把盤子拿到跟眼睛齊高邊轉邊檢查，結果侍者特別跑來關心是不是有什麼問題。再過了幾年後，我雖然已經沒有當初那麼有耐心，更希望能夠在甜點狀態最好的時候品嘗，但還是會不自覺地在很多細節中審視一個作品的完成度。

　　許多人會說：「外表好看有什麼用？好吃就好了！」那其實是不了解法式甜點（甚至不了解甜點與廚藝）才說得出來的話。事實上許多甜點元素如果外表不好看，有可能是製作過程出了問題，很大的機率也不會好吃。以塔皮為例，從製作過程到入模的手勢差異、烘烤等，都會影響最終的口感。如果塔皮做得漂亮，通常不會太難吃；但如果因為製作過程中時間、溫度控制不佳，或入模

136

1 即使是最簡單的檸檬塔，都須講究細節，才能做得美味。照片中是 pâtisserie Sadaharu AOKI Paris
的柚子檸檬塔。可以看出雖然塔皮底部比較薄，但是與側邊成直角，且整圈厚薄一致，也沒有凹凸
不平，是逼近完美的塔皮。
2 過去烤箱沒有溫度計，測量溫度並不準確，極依賴甜點師本身的經驗。

時不夠熟練，成品做得歪七扭八，對塔皮的酥脆度、以及甜點整體的口味都將
有很大的影響。

手藝之外、還要掌握科學知識

　　要能夠精準地掌握甜點元素製作的要領，除了依靠甜點師的經驗和手藝外，
其實也非常需要掌握食品科學的知識 。早在 1873 年，出版過多部料理與糕點
著作的大師古菲 就已經強調過分量、比例、烘烤溫度與時間的重要性。這位
在寫作食譜時「眼不離鐘、手不離秤」的主廚曾經斷言「成為好糕點師的訣竅
可以用仔細觀測時間來概括：要靠鐘錶而不是靠天分」。當時的烤箱並沒有溫
度計，古菲利用紙片測量烤箱溫度，並詳細記錄在他的《糕點之書》中。例如
紙片如果放入後立刻焦黑，但沒有燃燒的話，代表烤箱溫度太高；變成深褐
色，就可以用來快速為冰凍的甜點上色；變成淺褐色，就可以用來烤製餡餅、
千層酥盒等點心；深黃色可以烤大型糕點；淺黃色可以空烤各色小點心等 [4]。

案例說明：怎樣算是完美的塔皮？

從甜點的外觀就可以直接判斷一個甜點究竟做得好不好，並辨別甜點師的技術，例如塔皮就是其中一個好壞差別極大、非常殘酷的元素。以下用我在某街角麵包甜點店購買的杏桃開心果塔（A）與 Frank Haasnoot[5] 主廚的「巧克力椰子塔（Choco-Coco）」（B）為範例做對比：

	A	B	

<table>
<tr>
<td>俯
視</td>
<td></td>
<td></td>
<td>A 不是一個規則的圓形，且厚薄不均。
B 則是一整圈厚薄度完全一致的完美圓形，顯示塔皮入模手法極度熟練專業。</td>
</tr>
<tr>
<td>側
邊</td>
<td></td>
<td></td>
<td>A 的表面有裂痕，底部邊緣凹凸不平且顏色不均，可能是操作塔皮時溫度過高、奶油已融化、且事後沒有任何打磨處理。
B 的塔皮表面不管是塔頂還是側邊都非常平滑工整，完全沒有裂痕也只有極少的凹洞，顯示入模操作得宜，烘烤時溫度也控制得極好。</td>
</tr>
<tr>
<td>剖
面</td>
<td></td>
<td></td>
<td>A 的底部凹凸不平，左右兩邊的高度不一樣高，邊緣也不是垂直的。
B 的底部非常平整、中間絲毫沒有拱起。兩邊的塔皮厚薄與高度皆相同，且與底面垂直。</td>
</tr>
</table>

結論　A 的塔皮口感完全不脆且組織粗糙，相較之下 B 即使放到第二天，都仍然有足夠的酥脆度，每吃一口都有無窮的樂趣。

「空烤」（cuire à blanc）代表塔皮入模後直接將送入烤箱烘烤，完成後才填入餡料。空烤完成的塔皮成品很容易就能判斷出入模技術的好壞。

日本甜點教父河田勝彥主廚曾經復刻過許多 19、20 世紀初期的大師作品，他在《法式經典甜點大全：38 款歷久彌新的法式傳統甜點》中便曾表示，同樣是製作芳秀內特（Fanchonette）這個甜點，如果中間的芳秀內特蛋奶餡「crème Fanchonette」是依照卡漢姆的食譜，內餡會在烘烤過程中沸騰噴出；但如果是照古菲的食譜，就絕對不會發生這種情形。

　　以往廚藝被認為需要經驗，但到了 20 世紀，科學發展日益進步，有許多針對廚藝手法、料理烹調方式的科學研究。許多過往普遍被接受的觀念受到挑戰，老練的經驗不再是準則，廚師與甜點師們可以利用科學知識與儀器，更精確地掌握各種元素的製作、烘烤與烹飪手法。1984 年美國科學家哈洛德・馬基（Harold McGee）出版《食物與廚藝》（On Food and Cooking [6]），系統性地以科學探討廚藝與烹飪，立刻引起轟動。該書全球銷量累積超過五百萬本，被所有主廚奉為圭臬，也是美食愛好者、想要更加了解廚房科學、人類飲食文明的讀者們必備的聖經。本書揭露的食物與廚藝科學知識革新了全球的料理觀念，並催生了曾經紅極一時的「分子廚藝」。「分子廚藝」與「分子美食學」

4　出自《糕點之書》p.11。

5　Frank Haasnoot 主廚出身荷蘭，是 2011 年世界巧克力大師（World Chocolate Masters）冠軍得主。他的工作經歷遍及全球各地，除了荷蘭外，還包括紐約（La Tulipe Desserts）、科威特（The Victorian）、台灣（台北東方文華酒店）、香港（半島酒店）。他於 2017 年從亞洲搬回荷蘭，開始經營甜點顧問與教學工作，並計畫未來在荷蘭開立自己的甜點店。

6　此書已有中譯版：蔡承志譯，《食物與廚藝》，台北：大家出版。

蛋白霜依用途不同，需選用不同的製作法。照片中的「帕芙洛娃」（Pavlova）因為擠出成形後立刻就送入烤箱烘烤，不需要長時間的支撐力，可以使用不需加熱、直接將蛋白與糖一起打至硬性發泡的「法式蛋白霜」（meringue française）。照片中是位於巴黎春天百貨（Printemps）美食館（Printemps du Goût）的餐廳 Supernature 的熱帶水果帕芙洛娃。

（gastronomie moléculaire）的開展和正式命名，則要歸功於匈牙利裔的英國物理學家尼可拉斯・庫提（Nicholas Kurti, 1908-1998）和法國物理化學家赫維・提斯（Hervé This, 1955-）。兩人合作研究烹飪過程中食物的物理與化學變化，發起「國際分子美食交流會議」（International Workshop on Molecular and Physical Gastronomy），提斯後來更在法國的大學中主持研究，與國家農學研究中心（Institut national de la recherche agronomique）合作成立分子美食研究小組，並製播主持電視節目、出版著作，將廚房科學推廣給一般大眾。

製作馬卡龍外殼的蛋白霜主要有「法式」(meringue française) 與「義式」(meringue italienne) 兩種流派。製作義式蛋白霜需將蛋白打至軟性發泡，並一邊加入加熱至 120°C 的糖漿持續攪打至蛋白霜變得挺立，但柔軟具光澤、並降為室溫為止。一般而言，相對法式蛋白霜的酥鬆，以義式蛋白霜製作而成的馬卡龍殼結構會較為緊實、細緻，外觀也會更為閃亮。因為較不易消泡，所以擠出來的麵糊也比較容易保持圓形。過往較多人採用法式蛋白霜作法，但自從大師皮耶·艾曼公開他的馬卡龍食譜皆是使用義式蛋白霜之後，後者便逐漸取代前者，成為現今的主流。照片中是同樣位於春天百貨的 Café Pouchkine 甜點櫃。

知識也是鑑賞的關鍵

上一章介紹現代甜點廚房時，提到了一些嶄新的烹調手法與儀器，將科技與科學知識和技藝結合，幫助廚師與甜點師們發揮想像力與原創性，創造出更接近理想的作品，是現代廚房的特色。不過，這並不代表所有人都要將自己的創作當成化學或物理實驗、建築模型，而是利用知識的力量了解如何更好地運用與處理食材。譬如在製作蛋白霜時，使用什麼溫度的蛋、在什麼時候加糖、使用砂糖或糖粉、蛋白霜之後是用來製作什麼樣的甜點（戚風蛋糕、馬卡龍、舒芙蕾等），每一個環節都牽涉了食物的化學與物理反應，如果能夠掌握這些關鍵知識，將會大幅地增加製作成功率、減少浪費，且更利於複製與傳承。與此相對，如果能夠了解甜點製作過程所需的技術和知識，自然也就能成品的外觀和口感等細節，判斷製作者的技術、欣賞職人的用心。如果自己也是甜點師或喜歡自己手做甜點，更能夠從中得到啟發、創造出更好的作品。

以法式甜點經典之一的檸檬塔為例，基本組成簡單，總共只有塔皮、檸檬奶

餡，有時加上蛋白霜。但就是這兩、三個元素，每一個也都禁得起長篇的討論[7]。譬如塔皮，如果外觀厚薄一致，沒有坑洞，塔殼側邊與底部垂直，邊緣線條平滑俐落，顏色是均勻的金黃色，表示從製作者從製作麵糰開始，到捏塔皮「入模」（fonçage）、烘烤、後製處理[8]等過程中，每一個細節都有仔細照顧，不僅技術純熟，還花了心思讓它更為完美。檸檬奶餡的部分，包括檸檬酸度與香氣的掌握、奶餡的質地等也都是學問。如何在酸與甜之間取得平衡，是否加入檸檬皮，或改成青檸皮、羅勒、紫蘇等增加香氣與層次變化，是否使用均質機讓質地更為細緻，最後是否加入奶油或白巧克力使口感更為馥郁潤滑等，每一個環節都需要經過思考與多次測試。蛋白霜的表現則比檸檬奶餡容易從外觀判斷好壞，先不提究竟要採用法式、義式、還是瑞士蛋白霜，最基本的標準如蛋白霜質地是否足夠細緻、挺立；擠花時的線條是否足夠清晰俐落、而不是消泡出水；品嘗時能否在唇舌間感覺到足夠的空氣感、沒有蛋腥味；與檸檬奶餡一起入口時是否互補等，統統都能列入鑑賞的項目。

結合了甜點師手藝、美感、科學知識，即使是簡單的作品都可以當成工藝品

1 Amaury Guichon 主廚正在用瓦斯槍為檸檬塔的蛋白霜上色。從照片中可以看到蛋白霜的擠花線條俐落清晰，是高水準之作。（照片提供：© Jeannie Lan）

2 巴黎巧克力甜點店 Jacques Genin 的羅勒檸檬塔，柔滑的檸檬奶餡中加了羅勒，宛如微風拂面，讓整個塔的風味都清新起來。

3 每一個甜點都是飽含甜點人們心血與技藝的結晶，值得用五感與心仔細欣賞。照片中是巴黎甜點店 Des Gâteaux et du Pain 的甜點「野莓」（Fragaria Vesca）。簡單的小塔也有塔皮、糖煮野莓、繡線菊奶醬、新鮮野莓與接骨木花等五種元素組成，精彩呈現一幅生動的夏日風景。

來看待。欣賞細節並非吹毛求疵，目的也不是拿著放大鏡評判給分，而是從中品味職人的用心，從這些細微之處感受法式甜點凝聚數百年的歷史風華。日本人在吃飯之前會說「いただきます」（itadakimasu）、吃完後會說「ごちそうさま」（gochisousama）。「いただきます」有「領受」之意、「ごちそうさま」的漢字寫作「御馳走樣」，生動地呈現出為了製作餐點需要東奔西跑、四處張羅準備的情形。這兩句話裡透露了對食材、大自然以及製作者的敬意和感謝。如同每一餐的到來都不容易，為了使品嘗的人開心、感動，每一個甜點作品也是累積無數心血的技藝展現。也許下次在品味法式甜點時，我們都能夠從鑑賞之中，深深感受到這些「小點心」裡蘊含滋養人心的巨大力量。

---

7 我在 2016-2017 年之間，曾經在線上媒體《BIOS Monthly》開闢了一個「法式甜點鑑賞」專欄，較為細緻地討論了如塔皮、蛋白霜、香緹鮮奶油、泡芙麵糊等基本的法式甜點元素製作細節與鑑賞標準。如果真的要比較全面或深入地探討，又會是另外一本書的篇幅了。

8 你沒有看錯，塔皮跟照片一樣，也能夠靠後製處理修正一些小瑕疵，讓它變得更完美。在空的塔殼烘烤完放涼後，可以用網篩或檸檬刨絲器（zesteur）打磨塔殼表面和塔頂邊緣，讓高度一致，減少表面凹凸不平的狀況。

3-3
家常甜點、一般甜點與高級甜點

　　法式甜點在大多數人心裡都有著非常華麗的印象，例如蛋糕被光滑閃亮的鏡面裹覆、裝飾著線條俐落的巧克力飾片、外型色彩繽紛、還有金箔銀箔的裝飾等等，但其實那只是法式甜點的其中一個象限。雖然當今的法式甜點受到過去數百年宮廷、貴族、外交宴席的影響，比起其他國家的甜點更突出精細華美的一面，但同樣也有根基於家庭與傳統之中的樸實糕點，而且依各地風土人情不同變化繁多，例如可麗餅、蘋果塔、布里歐許等。許多法國人都有小時候和媽媽一起做甜點，一起享用下午茶點心的回憶，而家族食譜、各地的傳統糕點等，也是藉著這樣的方式代代流傳，共同形塑了法國的文化遺產。

1 2012 年剛到巴黎，我便為 Café Pouchkine 這朵華麗的「沙皇的玫瑰」（Rose du Tsar）折服，下定決心以後也要能做出這樣令人心神震動的甜點。

2 媽媽手作的甜點雖然樸素，但卻是童年最美好的回憶。

家常手工甜點依然是法國人最愛

　　這種「家常手工甜點」（pâtisserie fait maison）和後來發展至無比精緻、被法國人以宛如高級訂製成衣來比擬的「高級甜點」（haute pâtisserie）自然不同，就像媽媽親手準備的飯菜不應該和星級餐廳的料理拿來一起比較一樣。家中受限於廚房的設備、非專業的甜點技術，我們不會挑剔媽媽做的閃電泡芙糖霜邊緣線條不俐落、塔殼上有坑洞，或是瑪德蓮中間沒有凸起，也不會要求家人做出 Cédric Grolet 主廚的水果雕塑、Maxime Frédéric 主廚的「蛋白霜之花」。但即使外型不完美、技術難度與複雜度不高，這些家常甜點帶來的療癒與懷舊感，還有加深家庭成員羈絆的美好回憶，也不是高級甜點可以比擬的。

　　2018 年 5 月，法國市調公司 OpinionWay 的「法國人與甜點」（Les Français et la pâtisserie）市場調查中，結果發現如果要品嘗甜點，46% 的法國人會選擇自行製作的「家常手工甜點」，占了最大宗。如果要在外購買甜點，其實高級甜點店也不總是第一選擇。因為街坊的「麵包甜點店」林立，38% 的人會就近

購買、或是去習慣的店家。只有 14% 的人會選擇特地去知名店家或高級甜點店。

　　這個結果應該會讓習慣外食的台灣人吃驚，畢竟不要說甜點了，台灣很多家庭現在完全不開伙，許多租屋處不但沒有廚房或煮食器具，甚至明文禁止在家煮食，這對法國人來說極度不可思議。誠然兩地的文化和生活型態差距甚大，但許多文化的傳承與積累、對食物的認識、生活的態度，既然能因此逐漸建立，就也能在其消失的過程裡一起灰飛煙滅。正是因為「在家動手做」一直存在法國人的生活中，許多傳統的糕點和習俗才得以保留，法國的甜點文化因而有了厚實的發展基礎。譬如同一份調查中也揭露，在家製作甜點時，34% 的人會參考自家的食譜，比在網路或專門 APP 上搜尋（29%）、或是參考甜點食譜書（28%）的比例都還要高。

高級甜點（haute pâtisserie）

　　高級甜點也被稱為「pâtisserie de haute couture」、「pâtisserie haute de gamme」、「pâtisserie de luxe」等，其概念起源於 1990 年代，大師皮耶・艾曼（Pierre Hermé）[9] 和他的合夥人 Charles Znaty 為 Ladurée 創造了現代馬卡龍的起源故事，並為這個小巧、五彩繽紛、有細緻裙邊、還夾著各種新奇口味內餡的杏仁蛋白餅設計了時髦的巴黎風格。Ladurée 從此成為馬卡龍的代名詞，並成功建立了高級時尚、代表法式生活的品牌形象。皮耶・艾曼與 Charles Znaty 將同樣的模式運用到自己的品牌上，他們的馬卡龍是甜點師揮灑創意的畫布，而大師設計的甜點每一個都像珠寶般獨特。從那之後高級甜點店一一創立，每一家都有了自己的品牌傳說、每一個甜點都有了引人入勝的故事，陳列在櫥窗裡就像高級訂製成衣一般時尚。

街坊麵包甜點店與巴黎人生活緊密相連。

深入扎根發展品牌、強調職人精神的新一代街坊麵包甜點店

　　深植法國人生活的街坊麵包甜點店，販賣的商品通常比較簡單樸實，甜點大多是經典款、外型也沒有那樣精緻；慕斯蛋糕的比例少很多，以水果塔、泡芙、法式布丁塔、磅蛋糕等為主。最早許多街坊麵包甜點店是獨立經營，全部產品手工製作。這些店家不是由知名主廚開立，很多甚至招牌上沒有名字，但後來許多不敵連鎖品牌而關店或被收購。不過大量中央工廠生產的麵包甜點雖然

9　提到當代法式甜點不可能不提及的大師。其敏銳的味覺、美感、技巧開啟了現代法式甜點的新紀元。他於 1985-1996 年掌管法國知名精緻食品品牌 Fauchon 甜點廚房，培養並啟發了當代幾乎所有傑出的甜點師。1990 年代末，他擔任 Ladurée 主廚與顧問，和事業夥伴 Charles Znaty 一同創造出如今大眾熟悉的巴黎風格「馬卡龍」，現已成為法式甜點，乃至法國印象代表。他開啟了「高級甜點」的概念，也創造出許多經典的風味組合，被全球甜點師奉如圭臬、反覆挪用，如知名的「Ispahan」結合玫瑰、荔枝、覆盆子。皮耶・艾曼被《時尚雜誌》（ *Vogue* ）評為「甜點界的畢卡索」，更幾乎是法式甜點的代名詞。他於 2016 年獲得由世界 50 最佳餐廳評鑑（The World's 50 Best Restaurant）頒發的「世界最佳甜點主廚」獎項。

位於巴黎聖馬丁運河附近的 Sain Boulangerie，由原本是廚師的 Anthony Courteille 主廚創立，他希望能藉著使用未改造的古老小麥麵粉、天然酵母、長時間發酵、手工揉搓麵糰等傳統麵包工藝，為現代的消費者帶來更健康的選擇，這也是他將該店取名為「Sain」（法語「健康的」之意）的緣故。店門口小小的櫃檯擺滿了多種早餐與點心麵包與簡單的糕點，後面的架上則有各種能搭配餐點的鹹麵包，是附近街坊最愛的麵包店。

Mamiche 麵包店由 Cécile Khayat 與 Victoria Effantin 兩名年輕女孩一起創立，決心革新麵包給大眾的傳統印象，做出更有活力、更創意的新商品。例如照片中香醇優雅的巴布卡麵包（左圖）與將巧克力揉入傳統長棍麵包麵糰做成的「巧克力傳統長棍」（Tradition Chocolat）（右圖）。

廉價、製程也快，卻缺乏個性和人情味 [10]，因此這幾年又出現了一些新的獨立麵包甜點店，特別是以麵包業領軍，反對工業化大量生產的商品。更注重原料選擇、緩慢製程與職人手作技藝，在素樸的麵包中淬鍊出高貴的價值，與甜點界「返璞歸真」、「回歸本質」的趨勢吻合。另一方面，麵包中也加入了更多甜點元素，商品更加時尚、變化多端。位於甜點與麵包交界的「維也納麵包類」是其中的重點。在巴黎，肉桂捲、巴布卡麵包等一些非法式的麵包也掀起熱潮。

　　這些新的麵包甜點店經營者們不約而同地強調自己的「街坊」屬性，希望能在社區生根、融入當地居民生活。但是他們又比一般街角麵包店更突出品質與個性，並持續開發新商品，很快培養出一批願意支持這些理念的忠實顧客。他們的經營團隊與主廚們逐漸打響名號，形成一股新興力量。在這個過程中，有些原本已經幾乎被遺忘的糕點重新受到重視，高品質的選材和職人專業技藝為

---

10 對麵包業來說狀況更為嚴峻。大量生產的麵包因為使用工業化改造麵粉與添加物，以求縮短發酵時程，造成越來越多消費者對麩質過敏，麵包也因此背上了許多惡名。

1　原本只有在麵包店才會看見的「法式布丁塔」，目前已席捲巴黎各大甜點店。照片中是麵包老舖 Poilâne 的作品。

2　巴黎甜點店 Des Gâteaux et du Pain 的主廚 Claire Damon 童年時幾乎所有假期都是在遠離塵囂的山林、小溪、湖泊間度過。這段經歷對她未來的創作哲學有著巨大的影響，對自然與植物的熱愛、對季節變化敏銳的感知、對各種原物料品質的嚴格要求，都成為她作品獨樹一格的標誌。她的作品以水果為重心，從來不使用非當季的水果，並與小農合作，選出品質最好的產品，接著使用極細膩的手法專注在一個水果的各種面向，包括風味、質地與層次感，也會在一個水果的產季用各種不同的甜點來描繪該水果的迷人風貌。

其賦予了新生命。例如「法式布丁塔」在 2019 年開始突然席捲巴黎甜點界，許多甜點主廚紛紛推出經典香草口味或變奏版本，原本只在街角麵包甜點店會看到的樸素商品，現在也進入了高級甜點店的玻璃櫃中。

甜點主廚致力打造個人品牌、樹立個人風格

　　街坊的麵包甜點店與高級甜點店、豪華飯店的作品從顧客群、成本、設備、技術、理念都全然不同，自然也無法適用相同的評鑑標準。不過從上面的分析可以看到，新一代的麵包甜點店也逐漸突出職人理念和個人風格，經營策略逐漸接近後者。近幾年在各種媒體報導中，店家品牌逐漸退至主廚名號之後，連過往名稱就是招牌的「宮殿級酒店」（palace）[11] 也開始強打甜點主廚，用他們的知名度來拉抬聲勢，行銷策略和過往完全不同。隨著明星主廚效應開始發燒，也越來越多消費者是因為認同主廚，才進而認同店家和飯店。

　　在這樣的趨勢脈絡下，一位需要扛起整間店、甚至飯店門面的甜點主廚，擁

2

有高識別度的個人風格越形重要。甜點作品不再只是好吃、好看,甚至要能讓
消費者一眼認出出自誰的手筆。這也是為何所有法國的甜點主廚們都紛紛投入
社群媒體的戰場,食譜書也一本一本接著出。不管是和公關公司還是行銷部門
合作,或是自己經營,都必須煥發獨特的品牌形象,才能培養死忠顧客、發揮
號召力。如今的法式甜點和法式料理一樣,作品乘載著創作者對食材、產業、
風土的思考與態度,需要能說一個完整的故事、從選材、製程到表現方式都具
體呈現主廚的信念與哲學。不管是做家常甜點、一般甜點還是高級甜點,或許
都沒有做出「我的甜點」來得關鍵。

11 法國的豪華酒店有自己的分類標準,由法國旅遊發展局(Atout France, l'Agence de Développement
   Touristique de la France)訂定,能夠符合「宮殿級酒店」(palaces)嚴格標準的旅館飯店非常少,必
   須是五星級酒店中最高級豪華的等級,並經過種種考核才能拿到這個頭銜。克里雍酒店也是在重新開幕
   一年之後才重獲肯定。以 2020 年為例,全法 300 多家旅館中,只有 31 家拿到認證,其中 12 家在巴黎,
   另外在蔚藍海岸、阿爾卑斯山區等重點旅遊區域也有數家。

PARIS
BREST
€ : 6,80 €

TARTE
TATIN
La pièce : 6,80 €

MILLEFEUILLE
A LA VANILLE
DE TAHITI
La pièce : 6,80 €

MONT BLANC
AUX MARRONS
D'AUBENAS
La pièce : 7.50 €

3-4
法式甜點經典重生、歷久彌新的祕訣——重新詮釋

綜觀當代的法式甜點，從組成元素、製作方法到外觀，幾乎沒有 100% 新創的作品。與料理的世界一樣，大部分的創作都是在既有元素的基礎上變化而來。然而，在看似什麼題材都已經有人做過的情況下，新作品的誕生仍然源源不絕，這其中很大一部分必須要歸功於法國甜點主廚們將「經典」（classique）「重新詮釋」（revisiter[12]）的深厚功底。

解構重組發揮原創性

許多我們今日熟知的法式甜點，如「巴黎—布列斯特泡芙」（Paris-Brest）、「聖多諾黑」、「蒙布朗」、「歌劇院蛋糕」、「反轉蘋果塔」、「檸檬塔」

1 巴黎甜點店 Bread & Roses 的櫥窗，右手邊數
過來第二與第三個甜點分別是重新詮釋的「蒙
布朗」與「反轉蘋果塔」，看出來它們和傳統
的作法有什麼不同了嗎？

2 巴黎甜點店 Des Gâteaux et du Pain 的「蒙布
朗」，是主廚 Claire Damon 將傳統蒙布朗以
「塔」的表現方式重新詮釋的作品。雖然加入
了糖煮黑醋栗增加風味的層次感，但其中關鍵
元素包括「蛋白霜」、「香緹鮮奶油」、「糖
漬栗子泥」（crème de marron）樣樣俱備。
香緹鮮奶油改成以慕斯形式呈現，塔面上則以
細絲狀（vermicelle）擠花方式的栗子泥簡潔
俐落地回扣經典。

等在 19、20 世紀被創造出來，之後因為大受歡迎，被廣泛傳播與重製，成為
家喻戶曉的經典，甚至是法國風情的代表。不只在巴黎或是整個法國，在全世
界打著「法式甜點」和「法式料理」名號的店家與餐廳，都有很大機會將它們
放在櫥窗或菜單中。然而，被廣泛傳播與重製，並不意味著被廣泛抄襲，畢竟
做得跟大家一模一樣就太無趣了。驕傲的法國主廚與職人們，就是有辦法在人
人會做的甜點中，加入自己的巧思與創意，創造出充滿個人特色的版本。

　　在第二章〈解構法式甜點：類型與組成元素〉一節中，我們曾經簡要地拆解
了法式甜點的結構，大多是「麵糰＋奶餡＋淋面＋裝飾」。將經典甜點的組成
元素解構，再用改變質地、組成方式、外觀、口味等重新組合起來，成為一個
新的作品，便稱為「重新詮釋」（revisite）。以檸檬塔為例，雖然是英美血統，
但後來受到法國人熱愛，如今已是經典到不能再更經典的法式甜點，不論是一

---

12 「重新詮釋」的動詞是 revisiter，名詞是 revisite，形容詞則為 revisité。

1 巴黎甜點店 MORI YOSHIDA 的蒙布朗，同樣是以「塔」的方式呈現，但不僅擠花方式和傳統蒙布朗的細絲狀不同，更用了油酥薄脆派皮（pâte phyllo [filo]）包裹底部烘烤過的杏仁奶油餡（crème d'amandes）取代傳統蒙布朗中蛋白霜中提供的口感對比。由於蛋白霜是蒙布朗的基本元素之一，因此法國有些評論認為這並不能算是蒙布朗，最多只是一個「蒙布朗式」的甜點。
2 Des Gâteaux et du Pain 的檸檬塔，在檸檬奶餡中加了新鮮覆盆子，頂端加上糖漬青檸檬皮作為裝飾，也有提味的效果。
3 Gilles Marchal 的檸檬塔，以烤乾的長條形蛋白霜作為裝飾。

般家庭，還是高級餐廳，都會見到它的蹤影，也是法國幾乎所有甜點店都會有的基本品項。前文提過，檸檬塔的組成元素只有塔皮、檸檬奶餡，有時加上蛋白霜；或許很多人難以想像，最多三個元素，外型又如此樸實，到底還能怎麼變化？難道是改變或微調口味嗎？不過，如果只是這種程度未免有點初階，法國主廚們確實有辦法端出超乎你預期的作品。

3

人人會做的經典也能擁有個人風格

　　以下舉數個檸檬塔為例，以它們不同維度的變化來解釋「重新詮釋」的應用與其程度上的差異：

1. 質地與組成元素：

　　檸檬塔的塔皮、檸檬奶餡與蛋白霜三個元素中，最容易以改變質地造成整體印象變化的就是蛋白霜。打得足夠挺立，就能用擠花嘴擠出不同的花樣裝飾，烤乾之後更能增加口感對比，品嘗時會帶來額外的樂趣。

　　傳統的檸檬塔是以柔軟濕潤的蛋白霜在塔上擠花裝飾，隨後用瓦斯噴槍或是放回烤箱中上色。而甜點店 Gilles Marchal 的檸檬塔卻是將蛋白霜擠成長條形之後烤乾，再放在塔面上做裝飾。在蛋白霜的質地、表現方式，以及「烘烤」的概念上都有所轉換，相當有趣。

155

1 Arnaud Larher 的檸檬塔，上方看起來像蛋白霜的部分，其實是加了吉利丁之後攪打成慕斯狀的檸檬糖漿。

2 Pâtisserie TOMO 的銅鑼燒品項，左為重新詮釋檸檬塔的「檸檬銅鑼燒」（Citronée）、右為重新詮釋「巴黎－布列斯特泡芙」的「巴黎－京都銅鑼燒」（Paris-Kyoto）。

　　同樣是在蛋白霜上做變化，Arnaud Larher [13] 主廚則用檸檬糖漿偷天換日取代蛋白霜。乍看之下與一般蛋白霜毫無二致，但其實是將檸檬糖漿加了吉利丁，冷藏結凍之後再經由桌上型攪拌器快速攪打，最後成為柔軟蓬鬆的白色慕斯。放入塔圈，冷凍成形後再取出放在塔面上裝飾。創新的技術與手法，不僅消除蛋白霜可能有的腥味，能隨心所欲塑形，也解決了新鮮度與保存條件的問題。

　　在巴黎所有檸檬塔中，最有趣的大概就是 Pâtisserie TOMO 的銅鑼燒版本。這家由日本主廚村田崇德（Takanori Murata）與法國主廚 Romain Gaia 一同創立的銅鑼燒專賣店以傳統的日式甜點勇闖世界甜點之都，但並未僅僅滿足於調整口味以適合法國人，而是進一步思考銅鑼燒與法式甜點的組成方式，將「經典法式甜點以銅鑼燒方式重新詮釋」。銅鑼燒餅皮在他們的各種創意中取代了法式甜點中不同的麵糰元素，法式甜點豐富的奶餡內涵、作品結構與外觀呈現，更進一步擴大了銅鑼燒的表現空間。Pâtisserie TOMO 對「檸檬塔」的詮釋不忘日本精神，在檸檬奶餡中加入柚子，慷慨的奶餡半球安置在銅鑼燒餅皮底座上，頂端再放上一片迷你銅鑼燒，上面壓上 TOMO 的漢字「朋」，100% 法式

Karamel Paris 的「檸檬榛果塔」(tartelette citron noisette)。

的表現手法中散發著纖細的日式神髓。

　　巴黎甜點店 Karamel Paris 的主廚 Nicolas Haelewyn[14] 則在調整口味之餘，也重新審視檸檬塔的結構：在檸檬奶餡與蛋白霜之間藏了一個以檸檬汁浸漬的瑪德蓮，讓奶餡與蛋白霜的柔軟滑膩有了比較的依據；另外在塔皮與檸檬奶餡之間鋪了一層榛果焦糖醬，塔皮也加入帶皮榛果泥，以其厚實的大地芬芳平衡檸檬明亮的酸度。

13　2007 年獲得甜點師與巧克力師 MOF 頭銜的主廚。年輕時曾在知名甜點店如 Dalloyau、Fauchon 等有所歷練。在 Fauchon 時期適逢大師皮耶 ‧ 艾曼擔任主廚，皮耶 ‧ 艾曼任命他負責裝飾、蛋糕、麵糰等部門。1997 年他與妻子一同在蒙馬特開立第一家同名甜點店，現在在巴黎擁有一占地 300 平方公尺的大型中央廚房、3 間店面，在希臘雅典與日本東京也各有 1 間分店。

14　諾曼第出身，曾在 Ladurée 工作 10 年，其中 5 年擔任國際甜點主廚，協助該集團拓展國際事業。他五年中在全球各地設立了 12 個甜點廚房，包括日本、沙烏地阿拉伯、卡達、亞賽拜然、巴拿馬、瑞士、摩洛哥、土耳其、美國等。2016 年 11 月，他在巴黎七區聚集諸多知名餐廳與美食店家的聖多明尼克街（Rue Saint-Dominique）上開立了自己的甜點店 Karamel Paris，以諾曼地知名的焦糖為品牌 DNA，店內所有的甜點創作中都有焦糖元素變化。

1 Stohrer 造型可愛的檸檬塔。
2 MORI YOSHIDA 的檸檬塔，檸檬奶餡擠花方式
　與一般不同，也成為外型呈現的一部分。

2. 外型與表現方式：

前面 Karamel Paris 的檸檬塔外型較傳統更為迷你且高聳，提高了奶餡與塔皮在口中的比例，能讓喜愛檸檬奶餡的消費者在品嘗時更為滿足。頂端的蛋白霜擠花像是為檸檬塔戴了一頂白色的帽子，非常俏皮。說到擠花，一般的檸檬塔通常會在蛋白霜的擠花方式上做變化，但是 MORI YOSHIDA 的檸檬塔則是在檸檬奶餡上就很大膽地改變傳統，他們不將頂端抹平，而是做出凹凸不平的顆粒狀，後來的變化版加了蛋白霜，也呼應這樣的表現手法，像一球漂浮在空中的柔軟雲朵。

巴黎最古老的甜點店 Stohrer，在主廚 Jeffrey Cagnes 掌舵之後為傳統帶入了新意。現在的檸檬塔剔除了蛋白霜，改成使用「柚子打發甘納許」（ganache montée au yuzu）裝飾，外層並噴了米白色絨面。最後再點上「青檸果凍」（confit citron vert）與青檸檬皮，外型清新可愛。

另一方面，也有主廚雖然仍舊沿用塔皮、檸檬奶餡、蛋白霜三元素，卻在

Amaury Guichon 主廚重新詮釋的「檸檬派」（Lemon Pie）2017 年版本：兩片半圓形的塔皮外面加了一層「杏仁焦糖片」（nougatine）增加口感與香氣，中間夾著檸檬奶餡、再將蛋白霜擠成緞帶狀覆蓋其上。（照片來源：©Jeannie Lan）

外型上完全顛覆「塔」的形象。例如知名度和 Cédric Grolet 主廚不相上下的 Amaury Guichon 主廚，便曾數度重新詮釋檸檬塔，不管是做成土星環狀的「土星」（Saturn）2018 年版本，還是如羽扇開展般的「檸檬派」（Lemon Pie）2017 年版本，都是高端技藝與創意的展現。

跳脫制式思考、顛覆傳統形象

以上只是以最基礎的檸檬塔作為範例介紹，還有更多經典法式甜點，經由法國主廚們的創意重新汲取養分，獲得嶄新的形象。例如在法國幾乎每一家甜點店都有自己代表作的聖多諾黑，一般的作法是千層派皮（pâte feuilletée）＋泡芙麵糊（pâte à choux）＋奶餡（crème）＋淋面（glaçage）＋裝飾（décors）。這個原本是大蛋糕形式，適合多人分享的甜點，現在一般店家也都會推出一人

份的版本，更適合平日或個人單獨享用。

　　通常我們見到的聖多諾黑，多半會在泡芙的翻糖糖霜色彩（搭配內餡口味）、泡芙排列方式、整體形狀（如方形、長方形、圓型等）、擠花裝飾方式等做變化，但是幾年前巴黎東方文華酒店的前甜點主廚 David Landriot 曾經做過一次精彩絕倫的重新詮釋，他將整個泡芙甜點改頭換面，偽裝為「塔」的表現方式，以泡芙麵糰做成底座，中間填甜點奶餡，上方沾上焦糖，接著將香緹鮮奶油改為慕斯，最後將小泡芙點綴其上，畫龍點睛地揭露謎底。這個聖多諾黑雖然外觀和傳統完全不同，但是經典的組成元素（泡芙、甜點奶餡、鮮奶油、焦糖）卻一個不少，是極高段位的「重新詮釋」[15]。

　　同樣精采的還有 Maxime Frédéric 主廚的「蛋白霜之花」，他以「法式冰淇淋蛋糕」（vacherin[16]）為原型，將原本以蛋白霜製成的盒子承裝冰淇淋或雪酪，再覆以糖漬水果與香緹鮮奶油的作法翻轉，改成在沙布列酥餅上放上雪酪，再加上糖漬與新鮮水果，最後將用蛋白霜製成的細緻花瓣一片一片擺上，完成一朵在盤中綻放的嬌豔花朵。這道甜點有覆盆子與葡萄柚兩個版本，前者以茴香

1 巴黎數家知名甜點店的「聖多諾黑」作品，除了圓形之外也有長方形及個人尺寸。即使是每一家都有的作品，仍然姿態各異、擁有自己的特色。
2 Maxime Frédéric 主廚的「蛋白霜之花」葡萄柚版本。

提味、後者以尼泊爾葡萄柚花椒莓（poivre de Timut）增添熱度與香氣，都是極度細膩精準、但又滿載溫柔情致之作。

　　重新詮釋是法國主廚們嫻熟於心的手法，它仰賴對經典深刻的了解，與能完整呈現個人思考的能力。如果運用得好，不僅能為法式傳統注入活力，也為經典的不斷進化提供了能量。甜點主廚們藉著重新審視經典發揮創造力，同時形塑個人風格，正是法式甜點能夠歷久彌新、永不過時的祕訣。

---

15 掃描 QR code 可在 Instagram 觀賞 @ lecoindespatissiers 轉錄 David 主廚製作此作品的影片。
16 「法式冰淇淋」是一款以蛋白霜製成容器，盛裝雪酪、冰淇淋，最後再加上新鮮水果與果醬的經典法式甜點。

3-5
甜點與藝術品

　　自從飲食與烹飪不再只是為了填飽肚子，開始兼顧欣賞怡情、聯絡感情、外交政治等等目的之後，食物就負載了各種不同的文化、社會、政治、藝術等內涵，不再只是為了被人類吃進肚子裡，提供生存能量所需。甜點也是一樣，19世紀名廚卡漢姆在還沒發跡前，就經常前往當時的法國皇家圖書館研究與臨摹各種經典建築、古代遺跡、神殿、園林等的結構設計。卡漢姆以甜點素材再現的精巧裝置藝術可以用「奇觀」來形容，不僅讓他當時工作的甜點店聲名大噪，他本人也因此被法國外交能人塔列宏網羅，在維也納會議中間接影響歐洲政局。這些大型甜點裝置藝術從此成為法式甜點發展史中一個重要無比的類別，它們不見得可以食用，但其觀賞、展示性質，標記了法式甜點與藝術創作間難捨難分的關係。直到今日，全球各種大型甜點競賽中都少不了大型裝置藝術的

1 法式甜點發展史中，甜點裝置藝術這個類別壯大了甜點作為藝術觀賞性質的面向，更一直保留至今。
由糖與巧克力工藝等製作出的甜點裝置藝術，被視為甜點主廚技術與美感表達的最高結晶，在全球
大型甜點競賽中都是重頭戲。圖中是被譽為「廚中之王、王者之廚」的 19 世紀名廚卡漢姆設計的
數種甜點裝置藝術作品。（翻拍自 *Cooking for Kings: The Life of Antonin Careme, the First Celebrity Chef*）

2 卡漢姆早年在法國皇家圖書館研究建築構造與細節，並據以創造出無數令人驚嘆的甜點裝置藝術作
品。他曾出版《妙手生花甜點師》，收錄超過一百種甜點裝置藝術設計。圖片中是他的「法式涼亭」
（Rotonde Française）設計圖。（圖片來源：gallica.bnf.fr｜Bibliothèque nationale de France）

3 巧克力大師 Patrick Roger 的大型巧克力雕塑充滿了對生態環境的關懷、反思人與自然之間的關係。
他的巧克力雕塑曾多次展出，近幾年更深入探索愈加抽象的藝術表現。照片中是他的作品「紅毛猩
猩」（Orang Outan）。（照片提供：©Chialing Hsu）

比賽創作，純觀賞性質的糖與巧克力雕塑在各種宴會、重要節慶場合中占有重
要地位，在法國甜點師的 MOF 資格賽中，也是絕不可少的項目之一。

甜點裝置藝術的意涵

　　比利時巧克力師 Jurgen Baert 在 2018 年「世界巧克力大師」（World Chocolate Master）第三輪比賽時，對主題「明日之城」（City of Tomorrow）做出的回應。他選擇創作了一個名為「深海小姐 2.0」（Deep Sea Lady 2.0）的巧克力雕塑，延續他在比利時選拔賽時作品的概念。在他想像中，未來世界的人類將會演化為一種能在深海底生存的複合生物，他們在海底建立棲息地、並利用海流作為主要能源運轉整個城市。巧克力師藉著作品傳達他對全球暖化、海平面上升的擔憂，但仍然對未來寄予無窮的希望。他的作品介紹最後一句寫著：「希望在這個美麗新世界中，仍有巧克力的存在。（Let's hope there is still a place for chocolate in this brave new world.）」，傾訴了對自己巧克力懷抱的無比熱情。

164

2018 年巴黎巧克力大展（Salon du Chocolat）中，展出當年度「世界巧克力大師」大賽第三輪比賽中脫穎而出的前 10 名作品。巧克力雕塑主題為「明日之城」。

甜點可以是藝術品嗎？

在本章第一節〈為什麼法式甜點需要鑑賞〉一文最後，我提到法式甜點的創作，不論是使用的工藝、知識、科學、美感、概念，跟藝術作品並無二致，值得用欣賞藝術品的方式來品味。許多人認為「食物」顧名思義就是用來吃、用來果腹的東西，將它提升至藝術品的地位，賦予過多形而上的層次沒有必要。不過人不是動物，在吃飽以外很自然地會去追求更高層次的價值，否則不會有各種美食評鑑、競賽、食評出現，廚師也不需要磨練手藝、講究擺盤；餐桌上也不會有果雕，宴席上也不需要有漂亮的蛋糕。誠然吃得好、吃得巧不是每個人的追求，也不是每一種食物都適用同樣的品評標準，但如果品嘗的人能瞭解其間的用心和細節，對於創作者與其作品而言既是尊重、欣賞，也是鼓勵；更有甚者，視覺的滿足也會進一步影響味覺體驗。

2014 年時，英國牛津大學的實驗心理學系曾經發表過一個有趣的研究，測試食物的擺盤呈現是否會影響人們對味道的評斷[17]。實驗中將同樣分量的食材、

甜點和藝術品一樣，需要仔細地欣賞以體會其內涵。照片中是 Michael Bartocetti 主廚為巴黎喬治五世四季酒店設計的 2019 年聖誕節蛋糕「四季蘭花」（L'Orchidée des quatre saisons），以該酒店的藝術總監 Jeff Leatham 最愛的花朵為主題，慶祝酒店的 20 週年。蘭花的巧克力雕塑中間藏著一個法式蛋糕，以甜苜蓿（Meililot / sweet clover）慕斯和東加豆為主題，另外搭配 「75% 塔拉克倫巧克力（75% Tulakalum）。 蛋糕中的組成另外還有榛果脆片（croustillant noisette）、杏仁榛果帕林內（praliné amande noisette）、杏仁海綿蛋糕（biscuit aux amandes），以及梅爾檸檬、日本蜜柑等，交織出具有深度及層次的風味變化。

調味做出的沙拉以三種不同方式呈現：

1. 全部混拌好後呈盤；2. 模仿俄國藝術家康定斯基（Wassily Kandinsky, 1866-1944）畫作的擺盤；3. 將每一種元素分開——擺在盤上。結果受測者更喜歡模仿康定斯基畫作擺盤的沙拉，除了認為它更有藝術性之外，也認為它更好吃，願意付比其他兩盤沙拉高出一倍的價錢來品嘗。這個研究結果顯示，品嘗食物的經驗確實受到視覺影響，如何擺盤也會影響人們對美味與否的判斷。一個經過細心設計，能提供美感體驗的作品，會讓人們品嘗時更加愉快。

和康定斯基風的沙拉一樣，甜點作品也可以受到藝術創作的啟發。舊金山藍瓶咖啡（Blue Bottle Coffee）的甜點主廚 Caitlin Freeman 過去曾經和舊金山現代美術館（San Francisco Museum of Modern Art, SFMOMA）合作，在美術館的咖啡廳中推出現代藝術甜點（Modern Art Desserts），例如以美術館外型為靈感的「半月」（Oculus）蛋糕、將蒙德里安（Piet Mondrian, 1872-1944）的經典畫作具象呈現的「蒙德里安蛋糕」（Mondrian Cake）」等 [18]。來到美術館的遊客在欣賞完藝術作品後，還能看到在餐盤上看到它們以甜點的形式出現，而這次除了能用眼睛欣賞、用心體會外，也能用舌頭與味蕾品味。

不過，舊金山現代美術館在 2013 年關閉整修，2016 年重新開幕時並未與 Caitlin 主廚和藍瓶咖啡續約。原本以為這些甜點創作將無緣再現，沒想到美術館的咖啡廳換品牌經營，卻在沒有知會 Caitlin 主廚的狀況下，販賣跟她的作品幾乎如出一轍的藝術創作蛋糕。Caitlin 主廚本人氣得跳腳，並請來律師諮詢，但美術館卻不認為她能夠宣稱作品的著作權，館方自然也沒有剽竊的嫌疑。

---

17 Charles Michel, Carlos Velasco, Elia Gatti, and Charles Spence. 2014. *A taste of Kandinsky: assessing the influence of the artistic visual presentation of food on the dining experience.* Flavour, 3: 1-12.

18 Caitlin Freeman 在 2013 年時將這些甜點創作集結出版為《現代藝術甜點》（*Modern Art Desserts: Recipes for Cakes, Cookies, Confections, and Frozen Treats Based on Iconic Works of Art*）一書（Ten Speed Press）。

1 Caitlin Freeman 創作的「蒙德里安蛋糕」
（Mondrian Cake），是她現代藝術甜點系列中
的招牌作品，她因此聲名鵲起。

2 「巴黎—布列斯特泡芙」自從 1909 年被甜點
師 Louis Durand 創作出後便深受喜愛，如今
已是經典法式甜點之一，也是許多甜點店的必
備商品。照片中是 Yann Couvreur 主廚的作
品。

甜點創作可以有版權嗎？

　　在廚藝的世界裡，對廚師是否能擁有作品的著作權一直有不少爭議，近幾年
更有許多相關訴訟案例。由於料理方法如蒸、煮、炒、炸、烤等，都是人類在
學習處理食材的漫長歷史中淬鍊出的共同智慧結晶，在全球各種文化中皆有其
蹤跡，無法給予專利；食譜是食材組合與料理方式的總和，被認定為是「功能
性」而非「原創性」的展現，同樣不受專利權保護[19]。因此在歷史上，食譜總
是被大量複製、轉載、分享、使用，誰也沒有辦法禁止另一個人做出東坡肉、
麻婆豆腐，或者用同樣的烹飪方式處理另一個食材。而烹飪手法、食譜被大量
複製、使用、測試，更可能刺激產生更新、更好、更進階的新發明。

　　在我訪問過的主廚中，每一位都對「作品是否應該有著作權」的議題有不
同看法。Yann Couvreur 主廚認為不需要，他舉了經典法式甜點「巴黎—布列
斯特泡芙」為例，認為「那曾經也是一位甜點師的創作[20]，但現在所有人都在
做」。他另外提到「既然大家都在分享食譜，之後就不應該抱怨其他人重製相

同的東西」。不過，如同上文所討論的，食物並非只有填飽肚子的功能性；在
當今的料理與甜點界，廚師與甜點師不僅被視為製作食物的人，而是一位創作
者。當我們期待一個作品要能夠說故事，能夠反映廚師與甜點師的養成背景、
創作哲學、所在地風土環境的時候，製作料理與甜點就遠遠超越了遵循食譜程
序，將食物烹調或烘烤出來的操作，而是一連串有關技藝、思索與原創性、美
感等等交融的過程，和其他藝術創作完全相同；主要的差別在於最後作品會被
顧客吃下肚，存在的時間非常短暫 21。換言之，料理或甜點，可以被視為一種
傳達職人思想、觀念與情感的媒介，是他們用來表達溝通的方式之一。具有原

19 同樣的原則也適用於「衣物」類別，譬如「短袖 T-shirt」「長袖襯衫」等設計被視為實用性功能的展現，
　是為了被人類穿著而非吊起來展示，因此無法取得著作權。然而衣服的編織法、衣服上的印花等，卻有
　可能因為脫離了實用功能性的範疇而享有版權。
20 由巴黎近郊梅松拉菲特小鎮（Maisons-Laffitte）的甜點師 Louis Durand 於 1909 年發想，慶祝於 1911 年
　舉行的第三屆舉行開始的環法自行車賽（第一屆是 1891 年）。梅松拉菲特位於伊芙林省（Yvelines），
　正是 Yann Couvreur 主廚的故鄉。

創性、風格與理念清晰的作品，確實會為主廚帶來不同的評價，為店家帶來額外的營收。而這些超越實用性功能的部分是否該被著作權保護，就是爭議的焦點。

標註來源、尊重創作者的智慧與心血──職人榮譽感是關鍵

如同上文所說，法式甜點一直有其重視藝術表現與造型的傳統，到了現代，甜點作品的視覺與外觀呈現更是重要的創作元素之一，如果沒有著作權保護，特別在社群媒體蓬勃發展，各種作品都被加速傳播之際，許多人的創意可能一夕之間便被大量複製，在沒有人提及來源的狀況下心血付諸東流。Cédric Grolet 主廚的作品在全球各地都出現無數仿作，但這位擁有「全球最佳甜點師」頭銜的主廚並非對此無動於衷，而是非常肯定「甜點作品應該要有著作權」，並強調自己分享甜點作品「是為了讓人們了解我在做什麼」，但如今「許多人並非因此得到啟發，而是獲得抄襲的材料」。

法律上對著作權的認定與否有非常多爭議，實務上料理與甜點作品也很難得到著作權的保護，因此許多主廚轉而申請作品名稱的商標，例如 Dominique Ansel[22] 主廚的可頌甜甜圈（Cronut®）現在便是一個不能隨意使用的商標。但縱使目前法律無法完全跟上時代發展的腳步，無法完善地肯定甜點人與料理人的創意心血，難道便意味著抄襲別人的作品是正當的嗎？這個問題如果回到職人的榮譽感來回答，會瞬間簡單不少。一位號稱職人的主廚，出於對自己、對同業、對技藝、對職業的尊重，會如何選擇，答案呼之欲出。在法國甜點界，食譜幾乎是公共財，同業交流也相當頻繁，甜點雜誌《瘋甜點》（*Fou de Pâtisserie*）更無時無刻不在分享專業廚房內真正使用的食譜，但採用同樣的食譜並不表示能因此毫無忌憚地抄襲別人的作品與創意。一個甜點由許多元素組成，也可以有無數種重新詮釋的方法，沒有任何理由需要創造出一個和別人一

Cédric Grolet 主廚的水果雕塑系列自推出後便讓全球甜點界陷入瘋狂，有很長一段時間打開 Instagram 看到的全部都是類似作品，現在更幾乎成為一種新的甜點類別。

模一樣的作品，除非是為了練習與自我砥礪。

　　回到上文提到的舊金山現代美術館的現代藝術蛋糕爭議，也許有人會認為如果 Caitlin 的作品能從藝術創作中得到靈感，為什麼別人就不能從她的創作中「小小修改」，用同樣的概念做出類似的作品？但 Caitlin 主廚所有的甜點作品都清楚標註來歷與為之所本的藝術作品，新的咖啡廳承包廠商卻在 Caitlin

21 料理與甜點作品究竟是不是能被視為藝術品，除了法律上的認定之外，也是一個哲學問題。美國美感哲學家卡洛琳・科斯梅爾（Carolyn Korsmeyer）在其著作《理解「品味」：食物與哲學》（*Making Sense of Taste: Food and Philosophy*, 1999, Cornell University Press）中，便曾經提出四個限制，認為食物只能被視為一種「次要藝術」（minor art）。其中一點便是食物會消失或腐敗，不能永久保存，以至於無法被不同世代仔細地研究與欣賞。

22 發明可頌甜甜圈（Cronut®）、西瓜霜淇淋（What-a-Melon）、巧克力餅乾杯（Cookie Shot）、火烤棉花糖冰淇淋（Frozen S'more）等創意層出不窮的知名甜點主廚，曾於 2017 年獲得由世界 50 最佳餐廳評鑑頒發的「世界最佳甜點主廚」獎項。

1 創作的靈感可能從生活中各個角落與過往經驗湧現，有時難以完全分辨其由來。但當作品創意確有所本時，能清楚標註其來源會更有大師風範。圖中是荷蘭知名插畫家迪克・布魯納（Dick Bruna, 1927-2017）創作的《米菲在博物館》（*Nijntje in het museum; Miffy at the galery*）書中，米菲在美術館中欣賞蒙德里安畫作的情景。布魯納本人的插畫風格也深受蒙德里安的影響，刪減所有多餘元件，只留下最精純的概念元素。

2 Nicolas Paciello 主廚創作的「巴黎─布列斯特泡芙」，保留了經典的環形與榛果帕林內、榛果奶霜，但造型與泡芙皮的呈現方式與傳統截然不同（可以和第 169 頁 Yann Couvreur 主廚的版本比較）。可見傳統從來不是限制，仍有無限的創新可能。你的版本呢？

珠玉在前，創作廣為人知的情況下，絲毫未提及創意來源就販賣極度類似的蛋糕，很難輕易撇清抄襲的嫌疑。

敢於不同，永不停止自我超越──誰是下一個甜點大師？

　　甜點創作和其他藝術創作一樣，自然有很多過去經歷、師承與所見所聞、耳濡目染等累積，如果要算上製作手法與技術、經典元素等，更沒有 100% 的原創。有些人會認為經典之所以成為經典，正是因為被大量仿作的結果，如同 Cédric Grolet 主廚的水果雕塑系列，如今幾乎成為法式甜點的一個新類別。但是能夠誠實地尊重前人的努力與創意，標註靈感的來源與致敬的對象，是該有的專業態度。這也絲毫不妨礙在人人都能做的作品之上，加入屬於自己的思考與風格再創作。就如同聖多諾黑是法國甜點店幾乎每一家都會有的經典，但每位主廚都會絞盡腦汁創造出自己的版本，傳統的造型更從來不是限制。

　　即使是認為甜點不需要有著作權的 Yann Couvreur 主廚，也直言自己雖然作

2

品被大量抄襲，但真正感到困擾的是「有些人抄襲了我的作品卻不承認，反而說自己是創作者」，希望那些仿作能正確地標注來源，尊重該有的職業倫理。而真的對自己有所期許，希望能成為大師的甜點人，或許更接近 Maxime Frédéric 主廚所言，「如果今天大家都在流行做某一樣東西、某一種風格，例如 Yann Brys [23] 主廚的陀飛輪（tourbillon）擠花法，我會特別避開，且絞盡腦汁地想『怎樣做出不同、但一樣出色』的甜點」。甜點師不僅「不該是『把書打開、然後照著做出甜點』的職業」，更應該驕傲地對自己承諾「明天絕對不會做跟今天一樣的甜點」。

---

23 Yann Brys 師承 MOF Philippe Urraca，在 Fauchon 時在有「甜點小王子」之稱的主廚 Sébastien Gaudard 底下工作，接著經歷巴黎數個豪華酒店，包括宮殿級酒店的巴黎布里斯托酒店（Hotel Le Bristol Paris），然後前往老店 Dalloyau。他在 2009 年發展了現在聞名世界的「陀飛輪」擠花手法，2011 年通過一系列的嚴格比賽與鑑定，獲得 MOF 頭銜，並在同年被任命為 Dalloyau 的創意總監。現於巴黎近郊經營自己的甜點店 Pâtisserie Tourbillon，並同時擔任許多知名品牌的甜點顧問，在全球教授大師課，2016 年 11 月曾經訪台示範。

Chapitre 4

甜點圈

L'univers professionnel

4-1
主廚、廠商、學校、媒體——揭祕甜點人的生態圈

在我的文章中，經常提到「甜點圈」，意指甜點界，但是到底這個圈子裡有哪些角色、包含哪些人呢？一般人比較熟悉的大概是甜點業者、品牌，以及有名的甜點師；但其實，這個圈子的組成相當豐富。在這幾年全球都掀起法式甜點風潮後，甜點社群也逐漸壯大，交流變得更頻繁，也有些新的職業、機構、經營型態等出現。許多不同的角色共同構築了一個相互影響並持續演進的生態圈。

甜點製作與販賣者——明星主廚現象

說起甜點業，一般大眾馬上浮現在腦海裡的，應該是甜點店、餐廳或飯店等

1 你是否好奇究竟甜點圈裡除了甜點主廚、店家外，還有哪些角色呢？照片中是 2019 年巴黎巧克力大展舉辦「法式甜點國際獎盃賽」（Trophée International de la Pâtisserie Française）決賽中業餘選手組的比賽情形。

2 Amaury Guichon 是全球最知名的明星甜點師之一，在社群媒體上有超過 200 萬追蹤數，任何一個創作都全球瘋傳。他已兩度來台開設大師課。（照片提供：© Jeannie Lan）

能夠品嘗到甜點的地方。不過這幾年在台灣自行開立個人工作室，在家中或是租借使用的廚房裡製作甜點，並透過網路販賣的情形很常見。這種狀況在法國比較少。雖然法國人都愛做、愛吃甜點，但很可能因為法國不管是甜點店、還是自行在家製作甜點的普及程度都比台灣高，因此較少這類商業型態存活的空間。法國人如果要吃樸實的手工甜點，可以自己製作，也可以在街角麵包甜點店輕易購入；如果想要吃精緻的甜點，或是為了特殊節慶場合，也可以跟高級甜點店訂購。

　　過去，甜點製作者多半藏身幕後，大家對品牌和店家名稱遠比對主廚感到熟悉；但近幾年甜點師躍至台前，不僅甜點愛好者對許多主廚的名字如數家珍，一般民眾也會在媒體報導、甚至電視節目上看到他們的身影。Cédric Grolet、Amaury Guichon 等全球知名的主廚，在很多人心中更是貨真價實的偶像巨星。甜點師明星化、全民瘋甜點的風潮，讓甜點師成為許多人夢想中的職業，但也因此造成了新的迷思。許多人以為甜點師是一門外表光鮮亮麗，能夠很輕易獲得大量關注，且工作方式優雅的職業；更有許多人夢想著在短時間內學成開店，

造成業界人力汰換速度過快，難以培養人才與傳承經驗的窘境愈加惡化。

食材與原料商──推動產業交流，面臨轉型關鍵

要製作甜點，便有購買原料與食材的需求。台灣的法式甜點業者其實很辛苦，因為法式甜點的主要原料如麵粉、奶油、鮮奶油，以及大量使用的香草、巧克力等，在台灣的產量都非常小，所以大部分需要依靠進口，價格自然比較高。近幾年發展中國家如中國、印度等對這些原料的需求大增，更有全球氣候暖化與極端天氣等因素影響產能，所以所有的原料價格都在持續上漲，如香草在過去五年中已經翻了三倍以上，說是甜點界的「黑金」也不為過。巧克力的狀況也不遑多讓，2017 年底，美國財經新聞網站 *Business Insider* 的資深健康與科技 Erin Brodwin 曾經報導指出，可可樹面臨 40 年內將會滅絕的危機，巧克力也可能因此消失。因此即使在過去 10 年中價格已翻倍，未來巧克力仍有極大上漲的空間。

一般甜點業者是向食材與原料商進貨，這些廠商是甜點產業中不可忽視的要角。在台灣，進口食材與原料商更是推動甜點與烘焙產業前進的中堅力量。他們掌控著產業鏈中關鍵的供給源頭，並因為與原料產地和國外食材廠商有直接的聯繫，能夠接觸到與後者有合作關係的主廚。目前台灣最大的幾家食材與原料廠商如聯馥食品、苗林行、巧舜企業等，都經常邀請世界知名的甜點、麵包主廚等來台舉辦講習會，另外也有海外的研習課程。

值得一提的是，目前全球的產業趨勢，越來越注重與小農和產地之間建立直接供需關係，削減中間商，並挖掘更多在地的特色產品。且由於消費者和主廚們越來越重視職人、手作、自然等價值，過去在台灣烘焙界勢力非常龐大的預拌粉和半成品廠商，以及在法國、甚至全球都曾經赫赫有名的色素、食品添加物廠商，都面臨嚴峻的挑戰，不得不思考轉型的方向。

1

學校與教學者──大師課程炙手可熱

　　法式甜點在全球掀起熱潮，也讓甜點學校與甜點課程越開越多。法國傳統的技職教育與廚藝學校在提供完整的系列課程與證書、資格外，開始積極進軍國際市場，課程的設計也越來越彈性，短期的主題課程也很受歡迎。私人經營的廚藝教室與甜點學校更紛紛成立，許多以知名主廚為號召，也有主廚本人就是創辦人的例子，例如 Amaury Guichon 主廚的 Pastry Academy，以及 MOF Jean-Michel Perruchon 主廚的 Bellouet Conseil。

　　甜點主廚全球知名度大增，使得「大師課」（master class）大受歡迎。Christophe Michalak 主廚是將甜點師帶至鎂光燈下的第一人，也是大師課的先驅。他的大師課學院「École Masterclass」不僅讓一般甜點愛好者有機會近距離向知名主廚學習甜點製作，Yann Menguy[1]、Ophélie Barès[2]、François Daubinet[3] 等年輕有為的甜點師更因被他網羅，在專業職涯上獲得極大進展。越來越多甜點主廚們跨出自己的廚房，開始在世界各地舉辦示範與實作課程，

1　台北「187 巷的法式」近年經營大師課有聲有色，儼然成為台法甜點業交流的重要推手。照片中是 2019 年 9 月底來台舉辦大師課的 Yann Couvreur 主廚 。（照片提供：©187 巷的法式烘焙／料理／烹飪教室）

2　開創「陀飛輪」（tourbillon）擠花法的 Yann Brys 主廚，現在經常受邀做甜點示範與教學，並擔任顧問。他也曾數度訪台。

這是經營個人品牌的重要策略之一，也是為未來可能的全球展店計畫鋪路。

　　呼應大師課的趨勢，世界各地紛紛成立了以此為主力課程的學校，邀請知名甜點主廚（大部分是法國主廚）前往舉辦示範與實作課程，成為許多業界專業人士進修以及粉絲追星的第一選擇。這些學校通常都會拍攝精美的影片，且課程搭配英語翻譯，吸引國際學生，很快便建立國際知名度，如位於烏克蘭基輔的 KICA Kiev International Culinary Academy、義大利帕杜瓦附近的 Hangar78、新加坡的 Chocolate Academy 等。台灣「187 巷的法式」也在這個領域持續耕耘，逐漸發揮影響力。187 巷的法式過去這兩年已邀請到 Amaury Guichon、Cédric Grolet、Yann Couvreur、Vincent Mary 等主廚來台，前兩位甚至已來過台灣兩次。

1　Yann Menguy 在甜點競賽節目「誰是下一位甜點大師？」第一季比賽中獲得亞軍，之後被 Christophe Michalak 主廚網羅，在其甜點店與廚藝教室 École Masterclass 擔任主廚。2014 年底他接掌 Ladurée，2015 年離開後，目前在巴黎十八區經營自己的甜點店 Pâtisserie La Goutte d'Or。

2　專業甜點競賽節目「誰是下一位甜點大師？」第二季冠軍，曾於莫里斯酒店、巴黎麗池酒店、巴黎香格里拉酒店等宮殿級酒店歷練，2014 年加入 Christophe Michalak 主廚的 École Masterclass，並被《主廚》雜誌選為「2014 年最佳甜點主廚」。現在擔任獨立甜點顧問。

3　目前法國高級食品集團 Fauchon 的執行甜點主廚，是巴黎知名的年輕主廚之一。過去曾在五星級酒店如克里雍酒店、雅典娜廣場酒店歷練，後被 Christophe Michalak 主廚網羅。在加入 Fauchon 前，他擔任歷史悠久的星級餐廳 Le Taillevent 甜點主廚。

品牌與店家顧問——甜點主廚的最新頭銜

　　除了經營自己的個人品牌，為自己的廚房或店家創作新品，全球跑透透開大師課外，甜點業的蓬勃發展，更為甜點主廚們找到了新的商機——擔任顧問，為品牌、餐廳與店家等開發商品，提供專業建議。這在過去其實早有案例，如 Michalak 主廚在 1998 至 1999 年間，於紐約為 Pierre Hermé Paris 擔任顧問等，也有許多食品原料商、模具廠商聘請專業甜點主廚擔任顧問，使用它們的商品開發新作。不過這項趨勢在這幾年愈加明顯，不少甜點主廚甚至以顧問和大師課為業，將自己從實體店家的地理限制中解放出來，把觸角延伸至世界各地，更有彈性地建立自己的全球知名度。譬如以精美的維也納麵包創作出名的 Johan Martin 主廚、以重新詮釋的聖多諾黑為代表作的前巴黎東方文華酒店甜點主廚 David Landriot、曾為台灣東方文華酒店副甜點主廚，現在身兼台北「Escape From Paris 芙芙法式甜點店」的執行主廚 Alexis Bouillet 等。

1 照片後方著黑衣的 Johan Martin 主廚是巴黎 Bellouet Conseil 的教師主廚之一，目前在世界各地開大師課，並擔任顧問。

2 正在向受邀前來試吃的社群媒體意見領袖們介紹其創作的巴黎巴里爾富凱酒店（Hôtel Barrière Le Fouquet's Paris） 甜 點 主 廚 Nicolas Paciello 主廚。

媒體產業——社群與意見領袖行銷成為主力

　　媒體界更是不可忽視的力量。說到底，如今全球的法式甜點瘋，除了甜點人們層出不窮的精彩創作之外，也有很大一部分需要歸功給媒體。從最早 Michalak 主廚開始經營部落格、出書、製作主持電視節目，一直到如今社群媒體鋪天蓋地，所有甜點師都難以置身事外的現況，媒體可說是當今甜點業最親密的夥伴：前者給了後者舞台，後者則為前者創造了新的話題焦點與流量。

　　我曾經在《BIOS Monthly》的「甜點大師群像」專欄的〈緒論：明星甜點師現象〉一文中簡介過甜點雜誌《瘋甜點》的功不可沒，也在《好吃》雜誌第 36 期裡的專文〈IG 至上？社群媒體對法國甜點界的挑戰〉[4] 中詳細分析社群媒體銳不可擋的力量。傳統媒體業者如報章雜誌、電視台、書籍出版商等，現今都

---

4 該文也有收錄在本書，可參考第 324 頁〈社群媒體對法國甜點人與甜點界的挑戰〉。

不得不將社群媒體行銷視為必要的溝通管道，因為那裡是甜點愛好者們互動最熱烈的平台。

透過與部落客、Instagrammers 合作的「意見領袖行銷」，更是公關工作重要的一環。以我自身的經驗為例，品牌或是專業的公關公司，目前幾乎都有專人負責與社群網路的意見領袖們接觸，他們需要長期觀察熱門議題，並發掘創造話題、影響潮流走向的人物。以往新品發表會會邀請傳統媒體，現在更多是邀請意見領袖，讓他們搶先體驗、現場交流，最後以社群媒體立刻擴散話題。透過意見領袖散布的最新消息，會比透過傳統媒體擴散更即時、更深入與精準地觸及到相關社群。近幾年專門發布甜點照片、寫甜點食記、與主廚和店家合作的部落客與 Instagrammers 越來越多，他們分擔了傳統媒體的功能，成為業者與消費者和甜點愛好者間的橋樑，與當今甜點圈共存共榮。

喜歡甜點，可以有很多種方式親近它！

還記得我過去曾經有一段時間對未來非常迷惘，不知道自己是不是應該要繼續在甜點廚房裡的工作，當時一個好朋友說：「喜歡甜點不是只有一種方法可以接近它。」身處迷霧之中的我，很難想像如果不是繼續擔任甜點師，還能怎麼維持跟甜點之間的連結？數年之後回看自己走過的路，不管是攝影、寫作、教學、參加講習會，甚至是當一個單純的消費者，或是在自己的廚房裡創作，統統都是能夠持續喜愛甜點的方法。當一名面對無數困難仍越挫越勇、拚命堅持在廚房裡熬出頭的甜點師，毫無疑問地令人敬佩；但當一個瞭解自己的優點與短處，選擇合適領域發揮自己價值的人，同樣值得該有的掌聲。

甜點界需要各種不同的角色與視野，才會有更豐富的面貌。找到合適的位置、發揮獨特性，你將會成為不可或缺的那個人。

雖然現在已經不在第一線的甜點廚房裡，但是寫作、攝影、訪問等，還有過去的甜點教學，都是我非常喜歡的相關工作，也持續和業界有所連結。

1

4-2
「我的甜點是 chef 做的嗎？」——廚房裡的階級與分工

　　自從名廚艾斯考菲[5]在 19 世紀末確立了廚房團隊制度（brigarde de cuisine / kitchen brigade）之後，這套依職責與階級精確區分的系統，便成為現代廚房運作的基礎。不過，在艾斯考菲的團隊裡，甜點僅僅是一個站台，甜點師（pâtissier）和負責處理醬汁（saucier）、燒烤（rôtisseur）、魚肉（poissonier）、蔬菜（entremétier）、冷盤（garde manger）等不同食材的廚師們地位相當。到了今日，在高級餐廳與旅館的廚房裡，甜點廚房通常獨立於料理廚房之外；如果是規模更大一些的餐廳與旅館，例如法國的「宮殿級酒店」中，整個甜點廚房編制也會和料理廚房一樣龐大、嚴謹且階級分明。

1 17 世紀知名插畫家亞伯拉罕・伯斯（Abraham Bosse ）所繪的法國糕點廚房。當時雖然還未如現代分工精確，但已然是每個人各司其職。圖下方的文字說明也證明這一點，翻譯及原文如下：「每個人都有自己的職責，一個人揉麵糰，一個人放入烤爐。」（Chacun y travail à son tour, / Chacun met la main à la pâte; / L'un fait des pâtez à la hate, / Et l'autre les met dans le four.）畫作右邊則是來店買糕點的顧客。（圖片來源：gallica.bnf.fr｜Bibliothèque nationale de France）

2 確立廚房編制系統的法國現代料理之父艾斯考菲（左一）與他在倫敦卡爾頓飯店（Carlton Hotel）的廚房團隊。（照片提供：©Fondation Auguste Escoffier）

階級嚴明、分工精細的廚房編制

　　甜點廚房的編制和料理廚房非常類似，階級由上到下為：甜點主廚（chef pâtissier）、sous-chef pâtissier（副甜點主廚）、chef de partie（小組長[6]）、初階甜點師（commis）、學徒（apprenti(e)）、實習生（stagiaire）。如果在規模大一點的餐廳或飯店中，可能還有在小組長和初階甜點師之間的副小組長（demi chef de partie）。階級嚴明，由上層長官掌管下級團隊成員的廚房編制，

5　法國現代料理之父，是奠定整個西方餐飲系統發展的傳奇人物。他影響最深遠的幾個事蹟包括制定五種基礎醬汁、確立廚房團隊編制、簡化菜單，發明單點方式（à la carte）讓顧客依個人喜好單點菜餚等。艾斯考菲繼卡漢姆之後，被稱為「廚師之王、王者之廚」，其最知名的甜點創作為「美麗的海倫」（Poire Belle Hélène, 糖漬西洋梨搭配巧克力醬）；與獻給歌劇名伶奈莉・梅爾芭（Nellie Melba）的「蜜桃梅爾芭」（Peach Melba, 糖漬蜜桃搭配香草冰淇淋與覆盆子果泥）。

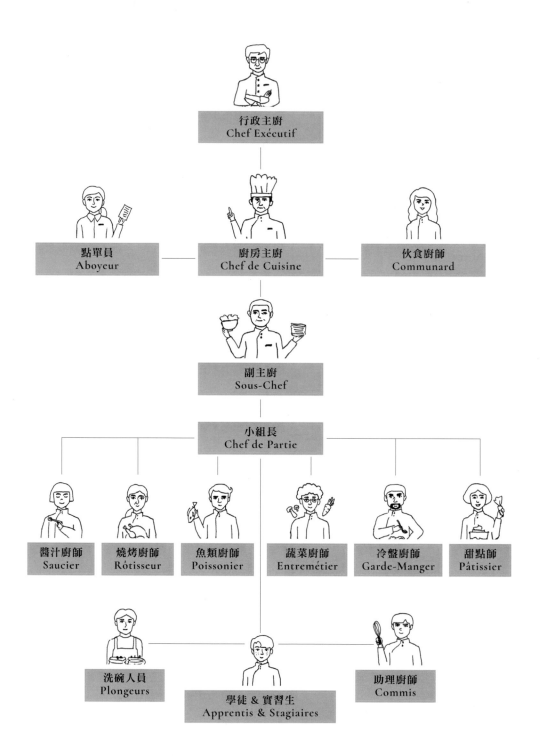

行政主廚
Chef Exécutif

點單員
Aboyeur

廚房主廚
Chef de Cuisine

伙食廚師
Communard

副主廚
Sous-Chef

小組長
Chef de Partie

醬汁廚師
Saucier

燒烤廚師
Rôtisseur

魚類廚師
Poissonier

蔬菜廚師
Entremétier

冷盤廚師
Garde-Manger

甜點師
Pâtissier

洗碗人員
Plongeurs

學徒 & 實習生
Apprentis & Stagiaires

助理廚師
Commis

料理廚房編制（brigade de cuisine）圖。本圖中在「廚房主廚」（Chef de Cuisine）之上還有一個「執行主廚」（Chef Exécutif），將廚房的日常營運與管理工作分開，是假設在極大的集團中出現的情形。此時執行主廚可能會需要管理好幾間廚房，而每間廚房都有一位實際領導日常事務的主廚。

一般在高級飯店中，較常見由「主廚」（Chef Cuisinier）擔任或兼任「執行主廚」（Chef Exécutif），並由「副主廚」（Sous-Chef）負責圖中「廚房主廚」（Chef de Cuisine）的工作，管理廚房每日的實際事務。甜點廚房則獨立出來，有自己的完整編制。

不禁讓人想起軍隊。由於艾斯考菲本人曾經於 1870 年普法戰爭爆發時從軍，擔任軍隊中的主廚，他或有可能從軍隊的組織設計中獲得靈感，據以革新廚房團隊的運作模式，設計出一套人人皆有職責，分工精細、沒有閒雜未運用之人力的系統。

　　和料理廚房不一樣，甜點廚房中並沒有那麼多不同食材專門的站台，如果依照功能別分類，在大型組織裡也許會將負責製作麵糰與製作奶餡、慕斯、巧克力等等甜點元素的站台分開，負責盤式甜點的也許會有另外一個小組。以我曾經實習過的莫里斯酒店為例，當時甜點廚房團隊大約有 20 多人，分成三組：一組是負責製作基礎麵糰如千層派皮、塔皮，以及麵包、維也納麵包、美式餅乾、蛋糕等的「tour」部門；第二組是負責酒店內「達利廳」的早餐、早午餐、下午茶、晚餐，以及客房服務的甜點部門「Dalí」，Cédric Grolet 主廚的水果甜點系列、各種泡芙、水果塔等，都是在這裡製作完成；最後一組則是酒店內米其林星級餐廳 Le Meurice Alain Ducasse 的盤式甜點擔當部門「gastro」（高級餐飲（gastronomique）的簡稱）。由於三個小組同在一個大廚房內工作，人力的調配與相互支援很有彈性。

---

6 chef de partie 中文經常譯為「領班」，但「小組長」意涵較清晰且容易理解。

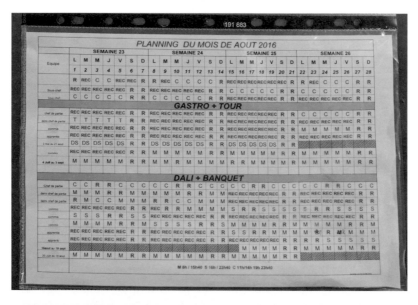

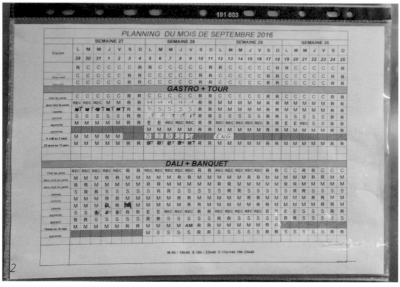

1 莫里斯酒店甜點廚房 2016 年 8 月的值班表。最左邊的欄位是所有團隊成員，可以很清楚地看到排列方式是依階層由上而下排列的，從甜點主廚、副主廚、小組長、副小組長、甜點師，一直到學徒與註明實習期間的實習生，全部一覽無遺。在這個班表中可以看到有兩位副主廚，而「tour」與「gastro」併為一組，「Dalí」和負責宴席的「banquet」為另一組。每一組有一名小組長、一到兩名副小組長、兩到三位甜點師，另外還有數個學徒與實習生，是非常龐大的團隊。

2 莫里斯酒店甜點廚房 2016 年 9 月的值班表。由於高級旅館從早餐一直到晚餐與客房服務都必須供應甜點，所以廚房的工作時間很長，通常會將人力分成三班制：班表中「M」表示早班（matin），工作時間為 8h-15h40；晚班為「S」（soir），工作時間為 16h-23h40；另外還有一個兩頭班「C」（coupure），是將 8 小時的工作時間拆成兩段，針對午餐（11h-14h）與晚餐（19h-23h40）的出餐時間。上一張圖片中因為是 8 月的班表，大部分人都在放假中（「R」或是「REC」的紅字標記），廚房只留最少的人力。但 9 月就恢復正常了。

莫里斯酒店甜點廚房不時會安排團隊間的意見交流與分享活動,照片中是 2014 年年底某次甜點試吃活動,主題可能是巧克力甜點。團隊成員從巴黎各大甜點店與飯店搜集來不同的作品並一起試吃、討論,其中還有當時擔任甜點廚房副主廚的 Maxime Frédéric。

階層越高,參與實際操作的部分越少

在我開始甜點師工作之後便經常注意到,很多人會以為主廚們會整天待在廚房裡製作甜點,或是自己現在手上的那份甜點是主廚們親手製作的,這真的是天大的誤會[7]。其實仔細想想,一間店家(或是餐廳、旅館)每天要生產數十、數百個作品,法式甜點又如此精細複雜,大部分甜點需要不止一天才能製作組裝完成。即使是最前線的甜點師,都不見得能夠從頭到尾參與到所有元素的製作;而身處的階層越高、真正參與到實際操作的部分就更少了。

在甜點廚房團隊中,「甜點主廚」(chef pâtissier)負責整個廚房的管理職責,包含設計新菜單、構思新作品、和料理廚房的主廚合作、傳承技術與知識、與管理階層溝通、決定未來走向、廚房內人事任用與升遷、對外代表團隊與媒體

---

7 在連主廚在內僅有數人的小店或有可能,不過本文著重討論有一定規模的廚房團隊。

莫里斯酒店甜點廚房中，會由小組長與副小組長記下每天需要完成的工作任務，並確保一一完成。照片中便是「gastro」小組一日的工作清單。

公關溝通等。在大企業、大集團中，有的甜點主廚需要一個人管理數個廚房團隊，有時候他們會被稱為「甜點執行主廚」（chef pâtissier exécutif），強調這個職位的執行管理面向，例如巴黎喬治五世四季飯店有 Le Cinq、Le George、L'Orangerie 三間餐廳，其執行主廚就必須同時管理、整合三個廚房團隊，也必須依照不同餐廳的特色創作合適的作品。

　　甜點主廚不見得會時時在廚房內工作，因為他的職責很大一部分是「管理」而不是生產、製造甜點（特別是在大團隊中）。譬如過去在莫里斯酒店廚房中，Cédric Grolet 主廚大部分時間會在他的辦公室中繪製新作品的設計稿，和酒店的行銷與管理團隊開會，或是和阿朗・杜卡斯（Alain Ducasse）[8] 主廚討論接下來的走向，接受媒體公關拍照、訪談等。他偶爾會進來廚房中確認大家的工作狀況，和副主廚們一起測試新食譜，指導後輩，製作為酒店宴席設計的巧克力雕塑等，但並不會檢查每一個出品的甜點，也不會自己製作等會要端出去上菜的作品。也因此，真正負責廚房日常運作、確保每一日的成品與人員表現都在軌道上的，其實是「副甜點主廚」。副主廚們還需要分攤主廚的責任，協

助後者完成實際操作範圍內的事項,例如將主廚的構思化為實際作品,測試不同食譜,真正掌管廚房人員出缺勤等。這也是為什麼通常在甜點廚房中,會看到副主廚們十八般武藝樣樣精通的緣故。有時候因為團隊規模很大,會有多名副主廚負責不同的類別,例如在巴黎喬治五世四季酒店中,整個甜點團隊約有40 個人,由三位副主廚分別負責不同的餐廳,另外還有一位副主廚負責宴席與活動。

前線衝鋒的戰士們

副主廚之下便是「小組長」(chef de partie)與「副小組長」(demi chef de partie),他們直接指揮最前線的「助理甜點師」(commis pâtissier)完成甜點製作與出品的任務。他們需要確保工作計畫順利完成、監督甜點製作的過程、確保產出的品質,也需要靈活應對突發事件。例如我在莫里斯酒店實習時,曾經於某次中午掃除時,不慎把 gastro 組準備好要在晚上出餐使用的 mise-en-place(將所有原料與半成品處理好、準備就位的準備工作)翻倒在地,當時我在 Dalí 組,Dalí 的小組長便不得已縮減人力,將我臨時派去 gastro 團隊幫忙他們把食材重新處理、準備完畢。真正負責大部分甜點元素製作的,則是身處最前線的「助理甜點師」(commis pâtissier)——有時可能由是小組長與副小組長製作重點元素、負責組裝與裝飾——他們需要將每一個基礎元素如奶餡、慕斯、麵糊等都確實完成,才能在最後產出滿意的作品。

---

8 世紀廚神喬爾・侯布雄(Joël Robuchon)以外,在《米其林評鑑》(Le Guide Michelin)擁有最多星星的主廚(全盛時期全球共有 21 顆星)與餐廳、飲食品牌經營者。Ducasse Paris 集團在全球擁有超過 30 家餐廳,若加上旅館、商店、製造與訓練中心等,更有超過 60 個營運點。阿朗・杜卡斯的烹飪哲學「自然派」(naturalité)強調突出食材的天然風味與美好本質,聚焦魚類、蔬菜與穀物,他在雅典娜廣場酒店的旗艦餐廳 Alain Ducasse au Plaza Athénée,便致力呈現在此概念下創作出的高級餐飲。他以完美主義出名,對旗下餐廳各種細節小至湯匙、奶油碟、菜單字體等都不放過。2015 年阿朗・杜卡斯的品牌餐食登上國際太空站,他也成為目前唯一將料理送上太空的世界級主廚。

莫里斯酒店甜點廚房的團隊成員午餐時間。照片中是當時 Dalí 小組的成員，包含小組長 Eunji（右前，現在已是紐約 Jungsik 餐廳甜點主廚）、副小組長 Louise、助理甜點師 Quentin、實習生 Adrianna。

在這個階層中處在最低階的便是「學徒」（apprenti(e)）與「實習生」（stagiaire）了。法國的技職教育系統非常重視實作，因此採取建教合作的方式，將學生送去企業擔任學徒。學徒有超過一半的時間待在企業工作：有的是一年之中幾個月在學校上課、另外幾個月在企業工作；有的是一個月之中數週在企業實作，一至二週在學校學習的方式交替進行。合約長度會視取得學位的修業年限而定，通常是以年起跳。實習生則不太一樣，通常是短期的合約（從數週到數月），不是在攻讀學位的學生也可以至企業實習。所以像藍帶國際學院（Le Cordon Bleu）、巴黎斐杭迪高等廚藝學校等英語授課的國際班學生，即使不在正規的法國教育系統之內，也可以前往不同的店家實習。另外，法國法律規定，學生一年之內能工作的時數是註冊時間的一半，所以如果就讀的課程是一年的話，最多可以全職實習六個月。

學徒與實習生負責輔助甜點師與副小組長完成所有食材的準備工作，並完成簡單的任務，最常見的便是依照食譜測量、準備好所有的食材，供後者完成製作。學徒通常會在同一個地方待上數年，所以會被當成準工作人員看待，並被

我在 2014 年 12 月 31 日晚上結束在莫里斯酒店的實習，當時的副主廚 Maxime 在除夕最後一刻為我臨時安排了小小的歡送會，還拍了珍貴的團體照。照片中都是當時每天一起工作的同事們，包括 Dalí 與 gastro 團隊中的學徒、實習生、助理甜點師、副小組長、小組長等。

交予較多的責任，他們會更有系統、循序漸進地學到全面的技術與知識。而實習生在廚房中待的期間較短，很多時候甚至在熟悉準備好食譜（大約一到兩個月）之後就要離開，除非表現優異，或是實習時間超過三個月，或是廚房規模較小（因此每位甜點師要負責的範圍較大），否則不太有機會被交予重責大任，能夠學習到的實際操作技能也有限。

　　在階級森嚴的法國廚房中，能夠從最低階一路往上爬到主廚的位置非常不容易，需要數年、十數年的努力，有時甚至以犧牲個人與家庭生活為代價。在成為主廚，能夠自由地創作自己的作品之前，需要度過無數個無眠之夜。只有經過每一日的挫折與挑戰，才能夠在未來煥發光彩。這也是為什麼我一直希望能夠將甜點人們帶到台前，希望能有更多人在欣賞甜點之餘，也能夠認識背後英雄的緣故。

4-3
甜點師的養成

「身著筆挺、雪白的制服，頭上戴著高高的帽子，在廚房裡優雅、精準地將麵糊倒入烤盤、抹平，再送入烤箱，接著從冰箱中拿出冷藏好的鮮奶油打發……」這或許是很多人對甜點師工作的想像，也是很多人藏在心裡，希望有一天能夠達成的夢想。不過，要能夠成為專業的甜點師，其實一點都不容易；能夠獨當一面、將所有工作有條不紊地一一完成，更仰賴多年專業的訓練。那麼，問題來了，到底甜點師是怎麼養成的呢？需要多久的訓練、要上什麼樣的課程、去什麼地方實習、工作多久，才有可能成為專業的甜點師呢？又要多久才能成為甜點主廚？

1 我在巴黎斐杭迪高等廚藝學校法式甜點國際密
集班上課時，每週以法式甜點的不同類別為主
題教學與實作。圖中是學到「冰品」（glaces）
時，週五時把本週所有的作品擺出來讓大家拍
照。

2 法國國家圖書館 珍藏的 15 世紀手抄本《健
康全書》（Tacuinum Sanitatis, Ibn Butlan）中
關於「糕點學徒」（apprenti pâtissier）的插
畫。圖中右手邊坐在柴火旁的便是一個年輕的
糕點學徒，他正在店後方的廚房裡煮著禽類的
肫，準備當成餡餅（pâté）的內餡。（圖片來源：
gallica.bnf.fr｜Bibliothèque nationale de France）

歷史悠久的學徒制（apprentissage）

在 19 世紀工業革命以前，法國工匠技藝的養成多半仰賴專業的行會、工會
組織，他們不僅確立一門行業的權利義務，也規定了成為專業職人的門檻與訓
練過程。以糕點師（pâtissier）[9] 為例，在中世紀時，這個行業的從業人員分成
三個等級：師傅（maître）、夥計（compagnon）和學徒（apprenti）。從 1270
年酥餅師（oublieur）正式成為一門職業，被登記在巴黎市的行會規章中時，
就已有關於學徒制（apprentissage）的記載。當時的學徒期間訂為 5 年 [10]，之
後需要參加正式考試，在一天之內做出至少 1,000 個「neule」鬆餅、且必須繳

---

9 這裡我將「pâtissier」翻為糕點師，因為直到 19 世紀中，pâtissier 都製作各種鹹甜點心，在中世紀時製作
填有肉餡的鹹餡餅「pâté」更是糕點師主要的工作內容。可以參考本書第一章第四節〈甜點業（pâtisserie）
與麵包業（boulangerie）的分界〉。

10 只有師傅的兒子因為出身的關係，不需要遵守學徒年限規定。後來糕點師學徒的年限也有 3 或 4 年的情
況，直到 1566 年重新確認為 5 年。

交 10 里弗爾的稅金。通過考試後還需要繼續跟在師傅身邊再 3 年的夥計才能正式出師。當學徒吃住都在師傅家裡，並不是免費的，需要在開始當學徒之前就繳交一筆學費。1566 年規定糕點師在 5 年學徒期滿後，需要製作出 6 樣大餡餅與其他如酥餅（oublie）等小點心，向 4 位行會的管事會成員展示其成果。

　　當學徒自然不是什麼輕鬆的事，根據當時的文獻[11]記載，一個年紀只有 15 歲或更年輕的孩子，開始在師傅家裡擔任學徒之後，便必須起早摸黑，不僅要「每天最早起床、最晚上床睡覺」（se lèvent tous les jours les premiers et se couchent les derniers）、需要「仔細清潔與打掃店鋪與店門口」（bien nettoyer et balayer la boutique et le devant de la porte），甚至還必須「迅速確實地為夥計服務，並受他們喜愛」（servir promptement les compagnons et se faire aimer d'eux），因為「比起師傅，通常夥計教給學徒們的更多」（souvent c'est d'eux plus que du Maistre qu'ils apprennent le mestier）。法規雖然規定師傅必須如父親一般待學徒，且不可以要求他們做一些超出這個行業職責以外的工作，但很顯然實情不如規定，例如 1678 年時，巴黎警察局便有針對糕點師

1　因為廚藝學校太受歡迎，目前在法國英語授課的國際課程也越來越多。圖中是我當時在巴黎斐杭迪高等廚藝學校法式甜點國際密集班上課時，泡芙週結束的小考。所有學生都必須依照授課內容自行完成修女泡芙與閃電泡芙，並從中選出最漂亮的四個作品接受評分。
2　進入專業廚藝學校學甜點，將來成為知名主廚，是越來越多年輕人的夢想。

的判決案例，重申許多學徒不僅沒有學到東西，反而在不良場所遊蕩、有不當行為，正是因為師傅並沒有遵守法規，代替父母盡到管教的責任。

　　學徒制從中世紀制度化之後一直持續到 18 世紀末。法國大革命後廢除行會，19 世紀工業革命後工廠大興，整個學藝的傳統制度受到破壞，一直到第一次世界大戰後，才重新由國家法律規定，將學徒制納入教育體系中，成為技職教育不可或缺的一部分。

廚藝學校與職業證書

　　甜點製作和廚藝與其他手工藝一樣，是非常需要在經驗中累積專業的工作。過去並沒有廚藝學校，因此直接面對每日的工作，以實戰經驗養成一位甜點師

11　此處引用 *La pâtisserie à travers les âges: résumé historique de la communauté des pâtissiers* (Antoine Charabot, 1904, Auguste Réty) 書中提到的中世紀文獻記載（p.75-76）。

2014 年我以「自由考生」身分報考取得「甜點師職業能力證書」（CAP Pâtissier）。該證書是由法國教育部頒發，取得證書後便表示正式擁有國家認證的甜點師資格。

是很自然的事，這也是為什麼學徒制成為培養人才的中心機制。然而，從 19 世紀末開始，專門的廚藝學校、甜點學校漸次成立，「學習」有了不一樣的途徑。學校不僅教授實作，更提供各種理論課程，畢竟廚藝也是一門不折不扣的科學。

　　前面說到學徒制併入技職教育中，廚藝與甜點又是法國重要的文化基礎，因此各地的高職都有提供廚藝與甜點相關證書課程，如 CAP（certificat d'aptitude professionnelle, 職業能力證書）、BEP（brevet d'études professionnelles, 職業教育證書）、BTM（brevet technique des métiers, 職業技術證書）、MC（mention complémentaire, 專業項目補充證明）等，時間從 1 到 3 年不等[12]。搭配證書，在修業年限內也同樣會有 1 到 3 年的學徒制，需要學生、學校與企業三方正式簽約。通常會採取部分時間在學校學習，另外一部分時間在企業工作的方式交替進行，最後還需要通過考試，才能順利取得資格。

　　這些技職教育的相關課程既然是針對法國本地學生，自然是以法文授課。不過，法式料理與甜點風靡全球，專為外國人成立的國際班也有廣大的市場。其

200

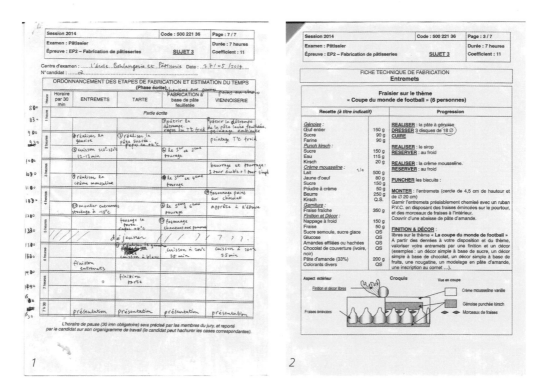

1　在 CAP 的實作考試中，第一個部分測驗的是考生的時間分配與組織能力。從這張表上方的欄位中，可以看到在 2014 年 CAP 甜點師的考試中，實作考題分為四類，包含法式蛋糕（entremets）、塔（tarte）、千層派皮（pâte feuilletée）與維也納麵包類（viennoiserie），考生首先需要清楚了解每一個類別的實作包含哪些項目，然後將它們依序安排在早上 8 點到下午 3 點半這 7 個半小時中。對這些甜點的熟悉程度，以及時間安排是否合理，都是測驗的範圍。

2　在 CAP 甜點師的考題中，每一類的實作項目都會標注清楚需要製作的甜點和食譜，下方還有剖面圖。在法式蛋糕的類別裡，我拿到的考題是經典的法式草莓蛋糕（fraiser）。由於 2014 年的考試期間正值世界盃足球賽，因此考題要求考生需要以世界盃足球賽（Coupde du monde de football）為主題來裝飾蛋糕。所有的考古題都能夠在「Base nationale des sujets d'examens de l'enseignement professionnel」的網站上找到，有興趣的讀者可以自行參考每一年的考題。

中最知名的是在 1895 年便成立的藍帶國際學院，在全球各地都有設點，不僅在巴黎、倫敦、曼谷、美國、澳洲等地都有英語授課的課程，在日本也有日語授課的課程。近幾年由於全球都掀起法式甜點熱潮，如巴黎斐杭迪高等廚藝學校、法國雷諾特頂級廚藝學院（École Lenôtre Paris），以及其他法國本地學校

---

12 可以參考駐法國台北代表處教育組的法國學制與技職教育簡介網頁。

如 ENSP、EBP 等，也開始強勢進攻國際班市場。值得注意的是，這些學校開設的國際班甜點與廚藝課程，雖然學校可以頒發結業證書，但由於國際班並非法國正式教育系統內的課程，這紙證書相當於補習班的證書，並沒有任何職業資格認證的效力。如果希望取得法國的職業甜點師資格，需要自行報名並通過證照考試。

以我自己的經驗為例，我在巴黎斐杭迪高等廚藝學校的法式甜點密集專業課程（Intensive Professional Program in French Pastry）結業後，便以「自由考生」（candidat libre）的身分參加 CAP 考試，通過後取得證書。由於是以個人而非學校註冊學生身分報考，又沒有法國中等教育的學歷證明，因此在理論考試中，除了必考的兩個科目「環境、安全、健康防護」（Prévention Santé Environnement, PSE）與「食物供應與庫存管理」（Approvisionnement et Gestion des stocks）外，我還需要通過法語、歷史、數學與科學、社會與公民教育等科目；另外，還有所有考生都必須通過、將近 8 小時的實作考試與口試。

從法國開展到世界各地的實習制（stage）

上一節，簡介了法國的實習制（stage）。只要是在學校註冊的學生，就有資格可以實習。即使是廚藝學校國際班的外籍學生，只要能夠找到合適的企業且經過學校同意，三方簽訂實習合約，就能夠合法地去企業實習。這對想要在正式的職場中快速獲得實際經驗的廚藝學校學生來說，是一個非常好的途徑；而且實習生（stagiaire）的薪水因為只有基本工資的三分之一，企業通常也不吝聘僱實習生。即使是外籍學生，只要能夠展現足夠的法語溝通與完成基礎工作的能力，便能進入高級餐廳、旅館及知名店家實習，和正式員工一起工作，是非常寶貴的機會。

餐飲業的實習制度目前在全球各地都很普遍，更是業界培養人才的基礎。藉著實習，能夠以較低的門檻進入知名店家與企業，讓很多人的夢想成真，更可能因此建立許多人脈與機會，甚至因而錄取跨國工作。不過，低薪（甚至無酬）

我在莫里斯酒店實習的時候，大部分時間都在 tour 和 Dalí 小組。在即將結束實習時，當時的副主廚 Maxime Frédéric 特別幫我安排一個晚上去負責 Le Meurice Alain Ducasse 餐廳的 gastro 小組見習，看他們在晚餐期間如何出餐服務。照片中的兩位甜點師，右邊是當時 gastro 的小組長 Thibault，現在是倫敦 Alain Ducasse at The Dorchester 餐廳的甜點主廚；左邊的 Ariitea 當時還是助理甜點師，現在則擔任 Cédric Grolet Opéra 甜點店的副主廚，也是 Cédric Grolet 主廚團隊中的重要人物。

1 我在巴黎甜點店 Bread & Roses 實習的時候，經常負責完成大量塔殼的製作。

2 高級酒店也會承辦許多宴席，此時需要整個甜點廚房通力合作，準備大量甜點。照片中是我實習時，某次參與莫里斯酒店準備宴席甜點的場景。

的實習制度，究竟是快速獲取實戰經驗的捷徑，還是企業壓榨勞力的合法途徑，一直有不少爭議。根據法國目前的法律規定，只要是合約期間超過兩個月以上的實習就必須支付薪水。不要以為這樣大家就會乖乖地遵守法律規定，許多店家、甚至是非常知名的大企業都會鑽法律漏洞，例如將原本六個月的實習拆成三次兩個月的合約，這樣就能一直使用無酬勞力，實習生的辛苦也無法得到該有的回饋。實習生源源不絕地從廚藝學校送進企業，有時甚至成為一間店家的廚房人力主體，企業因而減少雇用需要支付完整薪資的甜點師。針對這種濫用實習制的現象，法國不斷有重新審視實習制度的呼聲，例如實習不論時間長短，一律改為支薪，以及法規規定不得連續短期聘用同一個實習生等，不過暫時還是無法完全解決其中漏洞。

　　不斷成立的新廚藝學校與擴大對外國人招生的廚藝課程，也在過程中成為實習制惡化的推手。 過度招生造成無法將所有學生都送至理想的地方實習，只好讓每個人的實習時間縮短，以求能消化更多的實習合約。實習時間一縮短，企業就無法給實習生充足的訓練，實習生也因此被限制在做低階、基礎的工作，無法真正獲得進階的經驗，非常可惜。

　　對一個初出茅廬的廚藝學校學生來說，能夠有機會到知名企業工作，快速累積實力與經驗，確實非常重要；實習期間所遭遇的各種艱辛挑戰，更只是漫長未來的開端。一位甜點師的養成需要多年的實際經驗，要成為主廚更需要長達十年、十數年的全心投入。然而，對人力密集的甜點業來說，每個作品都是許多人奉獻時間心力的結晶，其實更需要珍惜每一分投入，認知到每個團隊成員的價值。因此，實習生如何在努力工作之餘好好保護自己，廚藝學校在擴大招生時考量市場容量與配套措施，企業主如何在給予年輕人機會時也為培養將來的主廚盡一分力，都是值得思考的方向。

1

4-4
大師與明星主廚

　　在介紹了甜點師的養成路徑以及廚房內的團隊編制後，我想和大家深入一點聊聊「甜點主廚」角色的變化與其代表意涵。過去甜點師通常都隱身於幕後，大眾與媒體的目光都集中在料理的主廚上。即使甜點對法國人來說也是餐點的重要部分，但相較廚師而言，甜點師得到的關注仍然少得可憐。一直要到 2000 年以後，Christophe Michalak 主廚開始致力為甜點師發聲，以經營部落格、出書與製作、主持電視節目的方式將甜點師帶到台前，大眾對他們的工作才逐漸不陌生。接著 2013 年甜點雜誌《瘋甜點》創刊，同年更出現由專業甜點師參賽的甜點競賽節目「誰是下一位甜點大師？」真正揭開了甜點廚房的神祕面紗，將甜點主廚們逐漸推上明星的位置。

　　在這十數年中，甜點師的形象有著翻天覆地的變化。縱使法國文化傳統一直

1 Christophe Michalak 主廚是法國最早成名的明星主廚,出版了多本食譜書並主持電視節目。
2 Michalak 主廚在執掌雅典娜廣場酒店甜點廚房 11 年之後離開,開始經營自己的個人品牌,作品風格簡潔俐落,和以往精雕細琢完全不同,作品形式更考慮到現代人對便利的需求,因此有一系列的杯裝甜點。

對工藝與工匠、職人頗為敬重,甚至在 MOF 競賽得到 MOF 頭銜的職人們,不僅能在法國總統府愛麗榭宮接受總統的表揚,還能穿上領口以法國國旗紅白藍三色裝飾的制服,享有終身的榮譽;但許多職業仍然承受著不少刻板印象與歧視,甜點業就是非常典型的例子。Michalak 主廚在接受法國媒體《意見日報》(L'Opinion)的專訪時曾經提到,在他年輕時,他的好朋友們最常聽到父母說:「你不好好讀書,將來就只能跟 Michalak 一樣去做蛋糕。[13]」是不是跟台灣過去認為「餐飲業的工作都是留給不好好念書、頭腦不夠聰明的人去做的」很像呢?即使越來越多高學歷的人中途轉行從事餐飲業,也不免遭到各種質疑。

不過,隨著甜點師在大眾視野的能見度越來越高,這樣的情況開始有了轉變。Michalak 主廚在同一篇專訪內提到,在他開始做電視節目之後,「根據 CFA (Centre de Formation d'Apprentis, 學徒培訓中心)的統計,來註冊技職

13 原句為:「Si tu ne fais rien à l'école, tu finiras comme Michalak à faire des gateaux.」

教育的年輕人人數呈跳躍式增長」，他認為「這些年輕的電視觀眾們，還有他們的父母明白了，這是一個很棒的領域，只要努力工作，就能發揮所長、不斷進步」。

從大師到明星，愈加迷人的甜點主廚形象

如今，明星主廚們如 Cédric Grolet、Amaury Guichon、Yann Couvreur 等人，動輒在社群媒體界有數十萬、數百萬的追蹤者與粉絲，更受邀至全球開課、客座，甚至開設快閃店，他們可不僅僅只是將甜點師的形象從「不念書的選擇」提升為「只要有所努力就能持續進步」的職人而已，而是進一步成為「為大眾帶來夢想與憧憬的偶像明星」。

過去知名的甜點大師不管是 Gaston Lenôtre[14] 還是皮耶・艾曼，他們代表的價值與得到的關注，許多是從身為「業界典範」而來。也就是說，身為一位成功的甜點主廚，他們以作品、專業知識、技能與商業經營模式等受到同業的

1 甜點主廚如今就是如假包換的明星，照片中是 Cédric Grolet 主廚來台開快閃甜點店時，順道接受某國際名錶廠商的訪問與代言。

2 日本知名和菓子師傅三堀純一（Junichi Mitsubori）受邀在巴黎巧克力大展展示他的和菓子作品與高超的製作技術，讓當地消費者大開眼界，更獲得不少關注。

敬重，也因為品牌企業的擴張而得到全球知名度。但當今的明星主廚們在作為前輩榜樣、引領產業潮流等的職人形象之外，更強調「作品個性」與「個人特質」。他們的外型也成為矚目的焦點，許多以往只會出現在影劇新聞的形容詞，如「帥氣」「充滿魅力」「巨星風采」等，都開始被用來形容甜點主廚。他們的私人生活開始受到關注，追隨群眾也從專業圈子中擴大至一般大眾。購買這些甜點主廚食譜書的消費者中，也有一些是抱著搜集偶像明星周邊商品的心態，畢竟許多食譜無法在家中重現。Cédric Grolet 主廚在 2019 年 7 月來台開設快閃店時，每天都有數百人在店外排隊，第二天甚至超過千人。如果你曾看過他在門口與大家擊掌的盛況以及大家爭先與他合照的情形，將會發現這些「消費者」和守在偶像明星錄影現場附近的粉絲並無二致。

---

14 法國甜點大師，是世界上第一個開設連鎖店販賣高級甜點的主廚，也是知名甜點學校 École Lenôtre 的創辦人。他是皮耶・艾曼的恩師，也是皮克斯（Pixar）知名動畫電影《料理鼠王》（Ratatouille）中大廚 Auguste Gusteau 的靈感來源。

光環取代距離，催生新的迷思？

　　不管是 Christophe Michalak、Yann Couvreur 主廚，抑或是將自己視為「法式甜點大使」的《瘋甜點》雜誌，在接受訪問時，都提到希望能將甜點帶入大眾的生活，使其更親民。2019 年由世界 50 最佳餐廳評鑑（The World's 50 Best Restaurants）頒予「全球最佳甜點主廚」（The World's Best Pastry Chef）頭銜的 Jessica Préalpato[15] 主廚甚至為了無法讓更多人品嘗到自己的甜點，而感到沮喪。你或許會納悶，品嘗甜點不是法國文化的一環、法國人重要的生活樂趣嗎？為什麼大家還會認為甜點有距離感呢？這是因為，有很大一部分甜點師製作的甜點僅在高級旅館飯店或餐廳販賣，而這些地方並不是一般人經常涉足之處。即使是喜歡甜點的巴黎人，平常更熟悉的會是街角甜點麵包店賣的巧克力閃電泡芙，而不是宮殿級酒店裡由知名主廚製作的巧克力蕎麥塔。

　　Christophe Michalak 主廚在接受瑞士媒體《24 小時日報》（*24heures*）專訪時提到，即使一般人喜愛自己下廚，但一提到做甜點，「事情很快就變得很複

1 巴黎三星餐廳 Guy Savoy 的巧克力甜點「純粹巧克力」（Purement chocolat），以脆片包裹黑巧克力慕斯、可可雪酪、鹽之花海綿蛋糕、巧克力迷你可樂餅。這樣的甜點要在三星餐廳花費數百歐元用餐後才能品嘗到，距離一般大眾生活很遠。

2 Cédric Grolet 主廚在台灣快閃甜點店第一天開幕前，檢視自己作品，當時旁邊全是媒體、鎂光燈閃個不停，店外則已排了超長人龍，就等這位明星主廚登場。

雜」，過去聽到要製作一個聖多諾黑或巴黎—布列斯特泡芙，「真的會讓人有點害怕」，但現在年輕一代似乎將做甜點「變得比較酷」。我專訪了《瘋甜點》雜誌總編輯 Julie Mathieu，她認為《瘋甜點》「為一般大眾提供接觸專業甜點主廚作品的管道」，不僅「是唯一一個認真去專業廚房內與甜點主廚打交道，詳實記錄他們的食譜然後傳達給大眾的媒體」，更「到處發掘有才能的甜點師、有好作品的甜點店」。在巴黎擁有自己店面的 Yann Couvreur 主廚，也透過邀請客座主廚的活動，向巴黎的消費者們介紹更多甜點師與他們的作品。

15 Alain Ducasse au Plaza Athénée 餐廳甜點主廚，也是當今法國唯一執掌三星餐廳甜點廚房的女性主廚。和許多主廚很早就確立職涯方向不同，她在通過法國高中會考後曾短暫進入大學修習心理學，之後才轉向廚藝。她在法國蔚藍海岸、波爾多等數個知名五星級餐廳工作後來到巴黎，參與 Frédéric Vardon 主廚的 Le 39V 餐廳開幕。2015 年她被阿朗・杜卡斯主廚網羅，擔任 Alain Ducasse au Plaza Athénée 餐廳甜點主廚至今，並於 2019 年被世界 50 最佳餐廳評鑑選為「全球最佳甜點主廚」。她的作品服膺阿朗・杜卡斯創立的「自然派」哲學，以呈現食材天然多面向的風味聞名。本書最後一章有其深入訪談。

巴黎柏悅酒店的 Jimmy Mornet 主廚準備發表他的 2018 年聖誕節蛋糕創作，旁邊都是準備錄影、拍照的社群媒體意見領袖。

　　不管是甜點本身、還是製作甜點，比起過去確實更加平民化。做甜點的人，不再是「頭腦不好的人別無選擇的選擇」，做甜點也不是「難以親近的專業」，而擁有「時尚、搖滾、性感、令人崇拜」的嶄新形象。網路上的甜點社群活動極度蓬勃，自己做甜點不再只是溫馨的家庭活動，而是能夠上傳至社群媒體，向家人朋友、甚至世界另一個角落的陌生人展示的酷炫技能。這樣的華麗轉身，是否對甜點業界與專業人才培養只有正面影響，其實還有待觀察。Cédric Grolet 主廚就曾經嚴肅地提及「媒體、社群網路讓甜點師成為如明星一般的存在，結果全世界的人都想要當甜點師，因為他們誤以為當甜點師很容易」，但事實上「我們需要跟年輕人解釋，這一行非常非常辛苦」。

努力不懈，擁有識別度是成功之鑰

　　正如同在本章頭兩節中提及，要成為一個甜點師需要經過數年的磨練，成為甜點主廚更是少說十年、十數年的艱辛路途。即使現在社群媒體的發展，更容易展示自己的作品，但要在眾聲喧嘩中脫穎而出、獲得關注，做出好吃、漂亮的甜點只是第一步；持之以恆地創作，並擁有獨特的個人哲學，作品具有高度識別度更是關鍵。

　　如今人人擁有自媒體，發聲的管道變多，甜點主廚更因為曝光機會與關注度大增，需要經常在各種場合發表作品，向媒體解釋自己的創作哲學，甚至揭露未來動向。如果不善於溝通，那也得讓作品為自己說話。過去我多次提到社群媒體造成各種一窩蜂現象，但真正能引領潮流的人物必得擁有強烈個人風格，做出獨一無二、能夠代表自己的作品。創作不僅是無數經驗累積後水到渠成的結果，也是經過謹慎思考、反覆測試的結晶。能夠做出和別人一樣的甜點毫不稀奇，畢竟現在食譜如此容易取得，主廚們也不吝惜和大眾分享製作過程與技巧；唯有能將自己的理念說清楚，用作品呈現思索的過程，發揮獨特的創意，並且持續不斷地挑戰自我，才有可能跳脫短期的話題性，在獲得關注的同時，也向真正的大師之路邁進。畢竟，受到粉絲與媒體追捧的明星，和能以作品、理念、創新等印記時代，在歷史上留下足跡的大師，仍然有著不只以道里計的距離。

1

4-5
媒體如何造就當今法國甜點界的盛況？

在第一章開頭時，我們已經談過法式甜點有其觀賞與藝術性質，特別是因為在宮廷與貴族之家中經過長時間發展，再加上外交場合的需求，比起其他類型的甜點有更注重外表的傾向。到了當代，由於社群媒體、特別是 Instagram 的發展，圖像的表現是否足夠美觀、有衝擊性，決定了是否能快速吸引大量目光、進而廣泛傳播。法式甜點對美的追求，恰好符合現代人的媒體使用習慣與其傳播特性，許多作品以光速傳遍世界，更有不少甜點師抓住了社群媒體發展的絕佳時機，在推廣自己作品和技術的同時，順勢建立了強而有力的個人品牌，甚至成為明星。

在法國，雜誌、電視等傳統媒體面對社群媒體的崛起，並沒有將之視為純粹的競爭對手，反而主動地結合後者，擴大自身的影響力，吸引更廣大、也更年

1 在社群媒體蓬勃發展的時代，甜點視覺外型的影響力比以往更強大。照片中是 Jimmy Mornet 主廚
　為巴黎柏悅酒店設計的 2018 年聖誕節下午茶甜點。

2 照片中是巴黎甜點店 Pâtisserie La Goutte d'Or 主廚 Yann Menguy 的作品：前中後依序為「芒果
　茉莉花塔」（Tarte mangue-jasmin）、「可可碎粒泡芙」（Chou fève de cacao）與「覆盆子溫桲玫
　瑰聖多諾黑」（Saint-Honoré framboise coing rose）。

輕的群眾。當後者在社群媒體上真正形成一個能夠不斷自己產生內容、增加黏著度的「社群」（community）之後，更形成了一股具有持續性的力量，推動前者製作出更吸引人的作品，進一步壯大這個社群，形成良性循環。

專業甜點競賽節目「誰是下一位甜點大師？」

2013 年法國電視台 France 2 推出一個專業甜點競賽節目「誰是下一位甜點大師？」（*Qui sera le prochain grand pâtissier ?*）與電視圈有深厚淵源的明星甜點主廚 Christophe Michalak 合作，並同時啟用 Christophe Adam、Pierre Marcolini[16] 與 Philippe Urraca[17] 等知名甜點師擔任固定評審。豪華的評審陣容，再加上類似歌唱選秀比賽的節目設計，關關淘汰選出冠軍，結果不僅冠軍得到出書、簽約的機會，這幾位評審及眾多參賽者也一併成為媒體寵兒及家喻戶曉的名人。過去經常出現在電視節目上的名廚是以廚師為主，雖然一般大眾對甜點師也相當好奇，但知名甜點師上電視曝光的不多，以甜點為主題的電視

1 擁有 LÉclair de Génie 品牌、以創新閃電泡芙聞名的 Christophe Adam 主廚，也是「誰是下一位甜點大師？」節目固定評審之一。

2 《瘋甜點》除了正規的雙月刊之外，也會不定時推出知名主廚代表作品或特定主題特輯。照片中是 2018 年 12 月出版的 Cédric Grolet 主廚特刊，有兩款封面。

3 「Fou de Pâtisserie」的蒙托格伊街（Rue Montorgueil）分店，集合多位知名甜點主廚的作品。

節目相對也少。「誰是下一位甜點大師？」成功地在塑造這些甜點師個人魅力的同時，也揭露了甜點師這份職業所需的專業技巧及每日的挑戰。除了將甜點師的地位一口氣提升之外，更拉近了這份職業與大眾之間的距離，讓一般人也開始對這些大師和選手們的名字琅琅上口。

專業甜點雜誌《瘋甜點》

同樣在 2013 年，專業甜點雜誌《瘋甜點》（*Fou de Pâtisserie*）創刊。這本雙月刊雖然一直宣稱自己是第一本專門以甜點為主題的雜誌，但其實早在 1978

---

16 比利時布魯塞爾出身的知名巧克力師，曾於比利時、法國兩地的知名企業工作，如 Wittamer 與 Fauchon。1995 年在里昂贏得甜點世界盃（Coupe du Monde de la Pâtisserie）冠軍並在里昂開設自己的工作室。他在布魯塞爾、倫敦、東京、巴黎皆有與自己同名的巧克力店，在法國的電視媒體圈也非常活躍。

17 法國知名甜點師，1993 年獲得 MOF 頭銜，2003 年更擔任 MOF 甜點師委員會的主席。他最為人知的成就，在於將法國傳統甜點「小泡芙（profiterole）」重新創作，2014 在巴黎瑪黑區（Le Marais）開了一家專門店「Profiterole Chérie」（目前已停業）。

「Fou de Pâtisserie」邀請雅典娜廣場酒店麵包主廚 Guillaume Cabrol 走出豪華飯店，將自己的作品介紹給一般大眾。

年，另一本針對專業甜點師的月刊《甜點師報刊》（*Le Journal du Pâtissier*）就已發行，只是後者的讀者群侷限在專業甜點師，介紹的甜點與食譜都不適合業餘者，也不適合在家實作。《瘋甜點》的厲害之處在於雜誌的定位，它使用非常清楚且深入淺出的方式，搭配插畫與照片，向一般大眾有計畫地介紹甜點與甜點師這個專業。雜誌的主題包括各甜點主廚、名店的最新創作、新出的甜點師食譜書、大師介紹、專訪、剖析經典法式甜點、甜點技巧、工具、甜點證照考試重點提要，以及如何在家重現名店甜點的簡易版食譜等。這是一本專業甜點師及業餘愛好者都愛不釋手的雜誌，前者可以在這裡讀到甜點界的最新新聞、專業食譜與技巧分享；後者可以藉此更深入了解這個行業、箇中佼佼者，以及每個甜點背後的故事。即使不見得每道食譜都能在家實作，但透過簡明深入的解析，一般讀者也能知道這些宛如藝術品的作品是怎麼做出來的，吃甜點時的鑑賞趣味因此大大提升。

這本雜誌大受歡迎的結果，在 2015 年秋季推出針對廚藝的姐妹版《瘋料理》（*Fou de Cuisine*），2016 年 4 月更在巴黎市中心蒙托格伊街（Rue Montorgueil）開

2020 年 3 月第一週週末,「Fou de Pâtisserie」向大眾介紹巴黎 5 位女甜點主廚,蒙特格伊街分店的甜點櫃中擺滿了她們的作品。

了一家同名甜點店[18],與知名甜點主廚合作,每週精選不同主廚的得意作品在店內販售。這種集合「名店、名師大賞」的概念,對台灣人來說一點都不陌生,然而在任何事都流行得很慢的巴黎,是一項創舉。這下子甜點愛好者不必一一跑去心儀大師的店面打卡,也能夠一口氣蒐集到他們的代表作。

　　《瘋甜點》的團隊接著利用社群媒體的傳播效果,設立了 Instagram 與 Facebook 粉絲專頁,即時分享最新甜點新聞、轉播甜點廚房內的動態和甜點主廚們的創作,結果是雜誌本身迅速在網路世界走紅,成為全球法式甜點熱潮的重要推手,法國甜點主廚們也因為相互宣傳而人氣水漲船高。

　　由於該雜誌成功地將甜點愛好者在網路上凝聚起來,後者間自發的交流如分享食譜、作品、新聞、主廚與店家動態等,進一步成為推動雜誌內容與社群成長的動力。如今《瘋甜點》不僅每一期開頭會精選 16 位讀者的作品,更定期舉辦甜點主廚們的大師課,讓甜點愛好者能一窺大師的專業手法,主廚們的粉絲更有追星的管道,成功連結線上與線下的讀者活動,更進一步增強了讀者對「Fou de Pâtisserie」這個品牌的黏著度與忠誠度。

---

18 該店目前在巴黎已有三間店,二店位於殉道者街(Rue des Martyrs),三店則開在瑪黑區的大型百貨公司 BHV 內。

無時無刻不在確認 Instagram 動態的 Cédric Grolet 主廚。

明星甜點主廚經營個人品牌

另一個值得注意的現象在於，延續名廚們以自己的名字作為品牌名的概念，越來越多的甜點師在擁有一定的知名度之後，離開原本受雇的餐廳、飯店、企業，轉而開設自己的甜點店。有的甜點師如前雅典娜廣場酒店[19]甜點主廚 Christophe Michalak、以閃電泡芙知名的前 Fauchon[20] 主廚 Christophe Adam 等，早已經過電視與媒體圈的洗禮，非常善用媒體資源，除了出版多本食譜，在電視節目、報章雜誌等積極曝光外，也經營自己的社群媒體平台。Instagram 扮演了很重要的角色。更年輕的甜點主廚們直接從 Instagram 上成名，接著挾著其高人氣，再回過頭來將傳統的品牌發展方法補齊，如出書、上節目、教學等，最後開設自己的甜點店。

和台灣愛用 Facebook 不同，在法國，Instagram 才是社群媒體經營的主要管道。大概從 2015 年開始，幾乎所有的知名甜點師都開始擁有自己的 Instagram 帳號，發布甜點創作照片只是基本，懂得分享廚房內的即時場景、甜點製作過程、甚至個人私生活，讓粉絲們一窺甜點廚房與甜點師的奧祕才是高招。比起料理正餐的主廚們，過往甜點師與甜點主廚的曝光度非常低，大眾也許對他們

巴黎最知名的明星主廚之一 Yann Couvreur，2019 年 9 月來台開設大師課情景。（照片提供：©187 巷的法式烘焙／料理／烹飪教室）

的工作有興趣，但很少有機會能深入了解。現在有了 Instagram，任何一位甜點師都能經營個人品牌。甜點主廚們一方面公開自己的工作內容與工作場景，讓更多人體驗到甜點的魅力之外，另一方面藉著將自己搬上台前，開始能用塑造明星的方式來經營個人品牌，許多甜點主廚因此成為貨真價實的「網紅」。

　　如今的明星主廚較過去更加樂意公開自己的日常生活，自己的另一半與家庭、旅行體驗、嗜好興趣等，都是圍繞著主廚「本人」而非「作品」展開。正因為粉絲們看到的不僅僅是他們的工作狀態，明星主廚們便能 360 度地散發個人魅力，將自己的影響力擴散至甜點以外的領域。這也是我們可以看到 Cédric Grolet 主廚為迪奧、伯爵錶等品牌代言，許多粉絲追著他四處上課，他在台灣開快閃甜點店竟有超過千人排隊的原因。這些新一代的明星甜點主廚並非「擁有巨星風采」而已，他們就是真正的巨星。

19 雅典娜廣場酒店是一間巴黎五星級飯店，屬於 Dorchester Collection 高級旅館集團。其中的高級餐廳 Alain Ducasse au Plaza Athénée 屬於杜卡斯餐飲集團，在 2015 年雅典娜廣場酒店重新開幕營運後得到米其林二星，2016 年重新摘得三星。

20 Fauchon 是一間專營美食與精緻點心的法國企業，也是大家提到現代法國美食時不可能不提的指標。從瑪德蓮廣場旁邊的一間店鋪開始，現在已經是在全球 76 個國家皆有據點的國際企業。對甜點人來說，Fauchon 完全是大師培育中心，本文中提到現今法國甜點圈的大師、引領潮流和話題的名廚如皮耶 · 艾曼、Christophe Adam 與 Christophe Michalak 等人，統統都是經過 Fauchon 訓練出來的。

1 Yann Couvreur 主廚的 2019 年聖誕節蛋糕創作發表會，現場都是受邀來的甜點界社群媒體意見領袖。
2 法國社群媒體界專注報導甜點的意見領袖非常有人氣，文中提及的 Mercotte 已連續數年主持巴黎巧克力大展的甜點主廚示範秀。照片中是她（左二）2019 年主持巴黎半島酒店的甜點主廚 Dominique Costa 的示範場次，在他們兩位中間拍照的則是另外一位法國知名甜點部落客 Moulaye Fanny。

意見領袖行銷（Influencer marketing）

　　隨著法式甜點熱潮興起，我們過去看到的美食部落客、攝影師、Instagrammers 等，也逐漸出現甜點版。如今有許多專門拍攝甜點照片、分享甜點食譜、食記的意見領袖，是店家、主廚與公關公司的宣傳幫手。意見領袖行銷（或稱為網紅行銷）是當代的顯學，且由於法式甜點熱潮的興起與社群媒體的發展緊密結合，有時候意見領袖的一則貼文、一張照片或一個動態，會比一個電視節目或廣告更能達到宣傳效果，更能有效將粉絲的喜愛轉化為實際行動。

　　許多高人氣的甜點界意見領袖們，不僅僅只是分享或報導主廚們的最新作品與動態，也能進一步推動新風潮，甚至影響甜點界的發展。在法國非常受歡迎的 Mercotte（本名 acqueline Mercorelli，Mercotte 是她的暱稱），1942 年出生，現已近 80 歲，她從出版食譜書、在網站上分享食譜開始，如今已經是法國最知名的美食作家，更和知名主廚 Cyril Lignac 一起擔任甜點競賽節目「最

佳甜點師」的評審，她不僅主持電視節目，也是甜點界的權威之一。另一個例子則是在 Instagram 上以各種不同造型與顏色的鞋子搭配甜點的 Tal Spiegel（Instagram 帳戶名稱為 @desserted_in_paris），他運用 Instagram 上非常普遍的向下俯視拍照視角，將法式甜點「注重外觀」的特性與時尚搭配，成功地創造了個人風格，並引起諸多模仿。如今他不僅是眾多主廚與鞋子品牌爭相合作的對象，也出版自己的書，並順利開展自己的甜點事業，甚至受邀參加 2018 年巴黎巧克力大展的甜點示範秀。

　　值得注意的一點是，新一代的甜點界意見領袖許多都是經過正規訓練，或是在甜點界有實際經歷的甜點師，也因此，他們能夠分享的內容較一般的美食部落客更加專業與深入。他們和甜點主廚們與其他媒體攜手合作，揭開了甜點的神祕面紗，加速了甜點「平民化」的過程，進一步讓法式甜點風潮深化至日常生活，最終成為文化的一部分。

Chapitre 5

重點人物訪談

Chefs & Influenceurs

5-1

為甜點人聚光、推動全球法式甜點瘋
—— 甜點雜誌《瘋甜點》(*Fou de Pâtisserie*)
共同創辦人與總編輯 Julie Mathieu

在前文多次提及的《瘋甜點》(*Fou de Pâtisserie*),是一本為了甜點而生的雜誌,致力於向大眾推廣法式甜點,內容包含甜點知識、歷史、新聞、主廚介紹、世界潮流、出版品、大量專業食譜等。在法國,這本雜誌是甜點愛好者人手一本的聖經,也是甜點主廚們與大眾溝通、了解同業動態的重要管道,自2013 年 9 月創刊,便廣受歡迎。《瘋甜點》不僅在實體雜誌出版得到巨大成功,更建立網路社群,被全球的甜點愛好者與主廚們關注,從而影響全球的甜點風潮。如今它已是一個逐漸多角化經營的品牌,在巴黎開了三家實體店面,並積極舉辦各種活動;2019 年年初更開通 YouTube 頻道。其姊妹作《瘋料理》在2015 年 9 月創刊,也在穩健發展中。

1 《瘋甜點》共同創辦人與總編輯 Julie Mathieu。
2 《瘋甜點》 以雙月刊形式發行，好幾期紙本雜誌因太受歡迎，目前已絕版。

「為一般大眾提供接觸專業甜點主廚作品的管道」—— 成為法式甜點大使

　　早從 1978 年開始，法國就有一本專業甜點雜誌《甜點師報刊》在甜點圈內
頗負盛名，許多主廚與專業人士的案頭都不可或缺。然而，直至 2013 年 Julie
與合夥人 Muriel Tallandier 共同創立《瘋甜點》時，市面上並沒有針對大眾的
專門甜點雜誌。Julie 解釋兩本雜誌定位上的差異：「《甜點師報刊》是針對專
業人士、且透過訂閱發行，跟《瘋甜點》面向一般大眾，在書報攤就能買到的
狀況不同。後者在當時是史無前例的創新想法。」不過發展至今，《瘋甜點》
也成為所有專業主廚與業界人士必備、從中獲得最新資訊與業界消息的讀物，
讀者群因此分成大眾與專業兩股主力，「我們在兩個領域中都具有指標性」。

　　目前《瘋甜點》每期發行量達到 8 萬本，對紙本雜誌來說是極大的成就，在
出版界也並不容易。Julie 自己分析成功因素，認為「大眾確實對甜點、對我們
有一股真切的期望。過去許多食譜書可能會減省步驟或原料、分量標示不清等，
《瘋甜點》是唯一一個認真去專業廚房內與甜點主廚打交道、詳實記錄他們的

食譜，然後傳達給大眾的媒體」。除了與大眾分享專業食譜外，《瘋甜點》也「到處發掘有才能的甜點師、有好作品的甜點店」，他們「向大眾突顯了甜點師這項職業的價值」。

「Fou de Pâtisserie」從雜誌起家，到後來發展實體店面，並在社群網站中成為名副其實的意見領袖，Julie 認為他們一直以來的目標，都是「為一般大眾提供接觸專業甜點主廚作品的管道」。Julie 舉例，「近年來到處瀰漫著『甜點熱』，有業餘愛好者的社群，越來越多人在家動手做甜點；甜點書是出版品中賣得最好的類別，比一般廚藝類的食譜書賣得還要好；以 Christophe Michalak 主廚為始，甜點師走向幕前，電視從 2012 年左右開始有甜點競賽節目；社群媒體開始興起；法國美食界充滿活力，甜點界也是，越來越多主廚自己開店，整個甜點界發展愈發蓬勃。」和過去甜點師總是隱藏在廚師陰影下的情況不同，「以前甜點從來不是關注的對象，大家吃完飯之後吃甜點像是例行公事；我們會問主廚問題，但從來不關心甜點師。但現在業界如高級餐廳、飯店等也很高興除了料理之外，他們還能再談甜點。」Julie 認為《瘋甜點》在這段過程中一

1 「Fou de Pâtisserie」的第一家實體店面，位於
　巴黎知名的蒙特格伊街，與主廚合作的特殊活
　動也多半在此舉行。
2 「Fou de Pâtisserie」與高級飯店主廚合作，將他
　們的作品介紹給一般大眾。圖中是 2019 年 9
　月親自到「瘋甜點」蒙特洛伊街分店介紹其作
　品的巴黎雅典娜廣場酒店麵包主廚 Guillaume
　Cabrol。

路伴隨大家，並參與推動了這股甜點風潮。現在他們以「法式甜點大使」的角
色自許，目標在於代表並推廣法式甜點。

「讓甜點變得更平民化、更普及」──善用各種媒體與通路

　　「Fou de Pâtisserie」在平面雜誌大獲成功，社群媒體也經營得有聲有色的狀
況下，2016 年 4 月選擇在巴黎開設第一家實體店面。Julie 說明他們的初衷是希
望能夠有個空間，讓實體的交流與溝通變得可能：「首先消費者能更直接地認
識主廚與他們的作品，甜點師們也能走到台前認識他們的消費者；二來讓甜點
變得更平民化、更普及，因為不是所有消費者都會到豪華飯店、餐廳吃甜點；
再則《瘋甜點》的店面也擔任發掘新秀的角色，經由在本店販賣作品，許多年
輕、或是不出名的甜點師能被更多人認識。」和在台灣的情況不同，「『精選
全國最佳甜點師作品』在同一家店販賣，在法國也是獨一無二的概念。」《瘋
甜點》這個「交流、談論與品嘗甜點的場所」，除了目前巴黎有三家店面之外，

Guillaume Cabrol 主廚的招牌維也納麵包作品。

將來也希望能推廣到法國各地。

在這麼多家優秀的甜點店與主廚中，我好奇《瘋甜點》如何選擇合作對象。Julie 首先向我解釋：「《瘋甜點》店面合作的主廚分成兩類，一種是常駐的甜點主廚，例如 Hugues Pouget[1]、 Carl Marletti[2]、Nicolas Bacheyre[3]、Nicolas Haelewyn 等人，是我們認為全巴黎最好的幾位甜點主廚。從我們剛開幕時便合作至今，消費者也對他們的作品非常滿意。這些常駐主廚的甜點會不定期更新。另外，還有一些應活動與邀約短期合作的客座主廚。我們對所有的選項都保持非常開放的態度。」邀約合作的客座主廚，其作品必須通過考驗，「首先我們真的會全部品嘗一遍，只要發現好的作品，就會與主廚討論合作的可能性。」她舉例《瘋甜點》曾做過一期開心果的專題，「在試吃過程中發現 Boulangerie Utopie 的開心果塔令人驚豔，於是我們便詢問主廚 Erwan Blanche 是否願意在「Fou de Pâtisserie」店裡販賣，他也欣然同意。」

2019 年年初，《瘋甜點》正式開通了 YouTube 官方頻道，不管從媒體品牌經營的角度、還是未來影音傳播的主流趨勢來考量，都是很自然的選擇。Julie

坦言「YouTube 頻道是《瘋甜點》計畫發展的重點之一」，接下來將與一位導演合作《探尋風味之路》（Les Chemins du Goût」系列影片，為 10 位甜點主廚製作共 10 部影片，計畫從 2019 年 9 月起雙週上映一部。「每位主廚會搭配一個主題，講述他們的甜點作品與創作哲學等，例如皮耶・艾曼與咖啡、Christophe Michalak 與巧克力、Philippe Conticini[4] 與帕林內（praliné）等。」第一支影片特寫 Cédric Grolet 主廚，反應良好。影音既然是重要的媒體類型，《瘋甜點》品牌也希望能給這個頻道更多支援，「但問題在如何找到資金，可能需要有合作對象或贊助商等。」

談到其他的新計畫，Julie 臉上露出了靦腆的笑容，她說自己「一直都與甜點主廚們有直接的接觸，知道真的有太多東西可以分享給大家，所以正在嘗試善用各種媒體與通路」。她進一步說明：「例如，《瘋甜點》的店面很重要，我

1　巴黎甜點店 Hugo & Victor 的甜點主廚與創辦人，曾擔任 Guy Savoy 集團行政主廚，2003 年得到法國甜點錦標賽冠軍。擁有新加坡、上海與巴西等地的海外工作經驗，經常採用異國食材作為甜點創作的元素，也是第一位宣布使用天然色素取代人工色素的甜點主廚。

2　知名甜點主廚，1992 年加入巴黎洲際大酒店（Grand Hotel Intercontinental）一路爬升甜點主廚之位，掌管該酒店與旗下知名餐廳和平咖啡館（Café de la Paix）甜點廚房。2007 年在巴黎五區開設同名甜點店 Carl Marletti，2009 年被法國美食評鑑 Guide Pudlo 選為年度最佳甜點主廚。該店代表作是紫羅蘭口味的聖多諾黑「Lily Valley」，多項甜點如檸檬塔、千層派、巧克力閃電泡芙、法式草莓蛋糕等，連年獲得《費加洛日報》（Le Figaro）評選為巴黎最佳。

3　巴黎甜點店 Un Dimanche à Paris 主廚，在 2016 年獲法國甜點協會頒予「最佳甜點新星」（Meilleur Espoir Pâtissier）大獎。Nicolas 師從許多法國知名甜點主廚，如 MOF 的 Yves Thuries 與兩次甜點世界盃冠軍的 Laurent Branlard，並在 Christophe Adam 主廚（L'Éclair de Génie）領導 Fauchon 甜點廚房時，與 Benoit Couvrand（Groupe Cyril Lignac）、Cédric Grolet（莫里斯酒店）、Nicolas Paciello（巴黎巴里爾富凱酒店）等主廚並肩工作。他在加入 Un Dimanche à Paris 之前，曾擔任巴黎巴里爾富凱酒店與 Fauchon 的甜點副主廚。

4　和皮耶・艾曼相同輩份的大師級主廚，以對風味的鑽研、認為「甜點能夠傳遞情感」出名，並發明「杯子甜點」（verrine），能在視覺上清晰呈現分層的表現方式。他出身廚師世家，是少數在甜點與料理兩個領域都有造詣的主廚。曾於 1991 年被《高 & 米歐》評鑑選為「年度甜點師」（Pâtissier de l'année），知名主廚喬爾・侯布雄也曾盛讚他是「當代最有天分也最現代的甜點師」。Philippe Conticini 於 2003 年擔任甜點世界盃的法國隊教練，領導法國隊於當年度拿下冠軍。他也是引領傳統法式甜點現代化（少糖、口感輕盈等）的主廚，並因為對法國料理與甜點的傑出貢獻，在 2004 年獲得法國國家榮譽騎士勳章（Chevalier de l'Ordre national du Mérite），2015 年獲得法國藝術與文學勳章（Chevalier de l'Order des Arts et des Lettres）。他曾創辦知名甜點店 La Pâtisserie des Rêves，現在專心經營自己的個人品牌，並推廣法式甜點，在巴黎與東京都有數間分店。

們希望能夠在其他地方設點，也會舉辦更多的活動；很受歡迎的甜點工作坊，
也考慮在海外舉辦，最近便有來自突尼西亞的要求；另外，我們也在考慮製作
電視節目，但不會是甜點競賽，因為已經有如「最佳甜點師」、「誰是下一位
甜點大師？」等節目。我們可能深入廚房做現場報導，或是在廚房裡與主廚一
起製作大師級別的甜點。」

「活躍的網路社群形塑了穩固、死忠的支持」──社群媒體銳不可當的影響力

雖然一開始是以「雜誌」這個傳統媒體通路出發，《瘋甜點》卻成功地在新
媒體的世界成為法式甜點界最具影響力的意見領袖之一。他們的 Instagram 官
方帳號是全球甜點愛好者都必須追蹤的對象，所有甜點界最新、最熱門的消息
都出自於此。Julie 同意社群媒體確實對他們的經營發展很有幫助，並認為「雖
然雜誌屬於傳統媒體，但現在必須 360 度多方經營」。同時掌握店面、工作坊5、
社群媒體平台，「後者能夠幫助我們廣泛、有效地傳播資訊」，比如需要與甜

1 「Fou de Pâtisserie」店內固定常駐的甜點主廚們為 2019 年情人節創作的作品。
2 《瘋甜點》雜誌每一期刊頭都會分享 16 個精選的讀者作品。

點主廚們合辦的甜點工作坊訊息「就只公布在社群媒體上」。

很多人會好奇傳統媒體出身的《瘋甜點》如何抓到網路社群經營的訣竅，但 Julie 卻說他們「對 Instagram 的經營不是刻意，而是自然發展而成」。《瘋甜點》是在對的時機，整合了熱愛甜點的社群。《瘋甜點》在 Instagram 有超過 50 萬追蹤數，並持續上升中，Julie 一方面開玩笑地說「如果雜誌的訂閱數也有這麼多就好了」[6]，另一方面則觀察到「雜誌的讀者與社群網站的粉絲的確是兩群不一樣的人」。她分析：「雖然同樣愛好甜點，但有人喜歡自己動手做（雜誌讀者）；有的人自己不做，但喜歡看與買甜點（社群網站粉絲）。Instagram

---

5 《瘋甜點》目前持續與各知名甜點主廚合作工作坊，開放一般業餘甜點愛好者報名參加，內容通常包括大師課、試吃與廚房參訪等。2019 年 6 月 28 日的工作坊請到三間巴黎宮殿級飯店的甜點主廚：Julien Alvarez（巴黎布里斯托酒店）、Michael Bartocetti（巴黎香格里拉酒店）、Cédric Grolet（莫里斯酒店）。
6 目前《瘋甜點》一期雜誌大約印刷 8 萬份，其中約有 1 萬訂戶。

法式甜點的外型一向非常重要，近年來由於社群網站蓬勃發展，大眾對美麗的視覺呈現要求更高。圖為 Cédric Grolet 主廚 2019 年 5 月推出的法式草莓蛋糕。

能夠觸及到比雜誌更廣大的群眾。」她還發現 Instagram 的粉絲們「平均而言比雜誌讀者的年齡層更輕，大約是 15 到 30、35 歲左右」，和會真的到店面參加活動的顧客年齡層接近。

「活躍的網路社群其實形塑了非常穩固、死忠的支持」，Julie 進一步舉《瘋甜點》在 Facebook 經營的例子，「比如說我們剛剛設立 Facebook 專頁時，就是因粉絲們自己高度參與而發展起來的。他們互相積極的討論、分享資訊，甚至會就雜誌上的食譜提問，比如『我不會做這個部分，請問有人知道嗎？』接著就會有人回答並給予建議。」

網路上活躍的交流，甚至進一步影響到雜誌的編輯走向，「我們看到很多人分享自己照著雜誌上的大師食譜做出的成品照，由於水準實在高得不可思議，現在《瘋甜點》每一期開頭都會分享 16 個最好的讀者作品。」作品被選上刊登的讀者們都很開心，且為自己上了雜誌而驕傲不已，「他們讓這個社群更為活躍、而且不斷有創作」，她認為其實粉絲們正是促進甜點界蓬勃發展的動力。

「當今人人都被視覺形象所囚」──如何重新聚焦風味和本質？

社群媒體成為溝通與傳播的主要媒介，固然有助於資訊的傳播和交流，但也可能造成人們關注焦點的偏移，以甜點為例，「精緻外型」已成為不可或缺的成功條件。注重外表的現象是否也改變了人們對「怎樣才是一個好的甜點」的判斷？ Julie 同意「在 Instagram 上，一個甜點確實只需要漂亮就能引起討論」，她更進一步點出美好的外型激起人類慾望的本質，「在我們這個年代，人人都被形象所囚，譬如演員只要長得帥就能有票房，演技如何是其次。視覺呈現如今是社群媒體溝通的基礎，它簡單、直接又不貴。所有的主廚們都花極大的心思在處理作品的外觀呈現，原因很簡單──它需要引起人品嘗與消費的慾望。」

雖然外在形象在社群媒體上幾乎呈現壓倒性的重要，Julie 也觀察到近幾年另外一股與之對抗的「簡化」潮流：「許多主廚早已拋棄金銀箔、閃亮的飾面與有顏色的飾片等，他們認為樸實與『容易被讀懂』也很重要──也就是說，需要讓顧客看到外觀就能理解這是什麼。」如今有很多主廚開始減少口味選項，「例如原本有 10 種，現在減少到 3、4 種。」她認為「視覺確實是我們與這些作品的第一步接觸，但如果東西很漂亮卻不好吃，就不會有回頭客了」，因此許多甜點師開始「重新聚焦於風味和本質」。

不過，要讓甜點持續往前進步，甜點師必須面臨很多挑戰與賭注。當今消費者或許是有史以來最挑剔的一群，不僅要求甜點作品好看又好吃，還要既美麗又健康。法國甜點主廚們積極回應最新的飲食風潮，以食用色素為例，Julie 提到「過去因為食品工業與化學的進步，我們可以很輕易地做出各種顏色的甜點；但現在不僅消費者想要更健康，法規也有所改變，譬如食品業開始禁用二氧化鈦[7]，甜點師們就必須找出解決方案。Carl Marletti 主廚有一個甜點『Mango Mäe』，外面原本是用二氧化鈦做成的白色鏡面覆蓋；但他不得不改變做法，後來成功研發出一款以椰奶為主體的鏡面，顏色與之前差異極小，消費者反應

7　法國政府在 2019 年 4 月 17 日宣布，自 2020 年 1 月開始，食品業將禁止使用二氧化鈦。這對非常依賴二氧化鈦作為白色顏料的甜點業造成很大的衝擊。

Ispahan 馬卡龍（右）是 Pierre Hermé Paris 的招牌甜點，一年四季都有供應。

也很好」。不過，「不是所有的甜點師與甜點都如此幸運，例如開心果的原色並不是鮮綠色。如果不使用色素而直接使用開心果粉，成品便會呈現絲毫無法引人食慾的黃褐色。Benoit Castel[8] 主廚告訴我，他的開心果費南雪（financier à la pistache）自從不用色素之後，銷售額便下降了 20%；但是他沒有氣餒，仍然在努力與消費者溝通。」

不止上述兩位主廚，其實「許多甜點師早就開始改用天然色素[9]，最早是 Hugues Pugot 主廚，現在皮耶・艾曼用甜菜、薑黃、葉綠色粉等為馬卡龍染色，Cédric Grolet 主廚也推出了一系列使用天然色素的擬真水果」等，雖然「使用蔬果粉製成的天然色素比較健康，但顏色沒有那麼飽和，也容易褪色，這是目前面臨的妥協」。Julie 進一步闡述，對甜點外觀的要求，甚至可能引發倫理問題：「我們對甜點的外觀如此重視，以至於很多時候甜點師們為了生意的存續，會做出一些有悖生態和倫理的產品。」甜點界面臨的嚴峻狀況，甚至比廚藝界更嚴重。「如果有人在 11 月用蘆筍入菜絕對會成為醜聞，但一個甜點師在

1 月賣草莓蛋糕卻沒有人會感到驚訝。例如我的好友皮耶 · 艾曼主廚，他的甜點雖然大部分依季節變化，卻不得不在 1 月賣草莓蛋糕，因為消費者明明知道 1 月不可能有草莓，但就是想要買。[10]」「Ispahan 玫瑰荔枝覆盆子馬卡龍也全年都有……Ispahan 馬卡龍是 Pierre Hermé Paris 最重要的產品，如果這占整個品牌 30% 的業績，一旦停賣，他該如何承受損失？」面臨品牌存續與否的選擇，Julie 認為「主廚也必須教育顧客，才能減少這樣的衝突」。

「今日的挑戰是創新」——甜點師的角色與倫理

社群媒體（尤其是 Instagram）不僅影響了大眾與主廚們對甜點作品的要求，也促成了明星甜點主廚現象的興起。許多甜點師現在可說是真正的明星，他們動輒在 Instagram 上面有超過百萬追蹤數，跑遍全球各地開大師課或是擔任甜點顧問。在我們的時代，究竟怎麼樣才是一位偉大的甜點主廚呢？Julie 與我們分享她的看法：「Instagram 確實能快速地帶來名氣與關注，但重要的是『持續』，特別是針對開店的主廚而言。因為開店必須賣出甜點才能存續，即使一位主廚在 Instagram 有超過 30 萬追蹤數，但甜點賣不出去就沒有用。」她一針見血，直指核心，認為「對這些因為甜點熱潮、社群媒體與行銷而大紅的年輕甜點師們來說，真正的挑戰是如何將甜點賣出去，並持續存活」。

對於另一個極受甜點主廚們與粉絲歡迎的「大師課」，Julie 則認為那「不見得是能夠快速累積名氣的方法」。她舉 Cédric Grolet 主廚為例，認為他全球跑透透的案例「畢竟是異數」，其他還有許多知名主廚，「譬如 Philippe Conticini 只在法國開課，皮耶 · 艾曼只跟《瘋甜點》合作工作坊，但是他們仍然非常有影響力，後者甚至已經成為甜點界的一個學派。」皮耶 · 艾曼即

8 Benoit Castel 是學習甜點出身的主廚，在職涯中逐漸發展對麵包的熱愛。他掌管巴黎 Le Bon Marché 百貨公司食品部門「La Grande Épicerie」甜點廚房 8 年，接著創立 Joséphine Bakery 與甜點麵包店 Liberté，目前自己在巴黎開立同名麵包甜點店。其作品自然質樸，重視風味與本質。

9 本議題在《瘋甜點》雜誌第 35 期 p.42 有詳細討論。

10 法國處於溫帶，草莓是 5、6 月時的當季水果，和台灣在 1、2 月時盛產不同。

使沒有到處開大師課，但其「形象始終沒有過時，他一直都在創新、一直有新的計畫」。

　　要成為真正的大師，動輒能影響整個甜點界的潮流走向，甚至成為經典典範或許並不容易；但對很多人來說，如今能夠做出大師級的作品，或是和大師作品外型相仿的甜點，卻比以往容易很多。拜社群媒體發展之賜，資訊傳播極為容易，一個潮流可能瞬間席捲全球，一位甜點師的獨創可能下一秒就被所有人抄襲。甜點作品究竟是否應該擁有專利權，也是一直受到關注的議題。對此，Julie 認為敞開心胸分享比藏私更有價值，「如果怕別人抄襲，那根本就不要發布在 Instagram 上面。」她舉當今「以不藏私和交流頻繁出名」的法國甜點界為例，「知名的甜點主廚們彼此都是好朋友、好哥們，誰開了新店，所有人都一起去祝賀，平常大家還一起交換各種意見。甜點主廚們也從來不吝於分享自己的食譜，例如皮耶 ‧ 艾曼出了好幾本書，而《瘋甜點》每期發布超過 60 道食譜等。這種熱烈的景況，在法國廚藝界也看不到的。」接著她從另一個角度切入，認為「被抄襲好過不被抄襲」，因為「前者代表你的東西確實有價值」，重點是「自己知道自己是第一個這麼做的人」。

　　她進一步闡述模仿與抄襲的不同，認為「模仿可以分為兩種，一種是有意識的抄襲，另一種則是在博覽各種作品之後，靈感無意識地到來」。抄襲的問題不是甜點界獨有，「其實不管在哪個藝術創作領域都一樣困難，如音樂、影片等，有時很難指出哪個部分是受了誰的影響。」她之前曾經聽某些甜點師說，為了保護自己作品的原創性，他們「從來不去看網路上其他人的作品，也從來不去別人的店參訪」，這讓她非常吃驚，但是她明白每一個甜點師有不同的應對方式。Julie 再度提起大師皮耶 ‧ 艾曼，說他則是「完全相反，會到處去拜訪不同的店家，試吃不同的作品，從各處汲取靈感最後創作」，她反問「這不也是一種抄襲？」當然法國甜點圈裡面也有很在意要尊重原創的主廚，例如 Christophe Michalak，「Michalak 認為如果是有意識地採用別人的創意，就要明白地點出來源，例如『Yann Brys 主廚的巴巴』、『某主廚的擠花風格』等

Philippe Conticini 主廚是法國甜點界公認的大師，他每週都在自己的社群媒體平台直播甜點製作，非常受歡迎。

等。」不過有時類似的風格可能只是一時風潮，幾年之後又不一樣，「譬如某種擠花法，或某個品牌推出了一個新的矽膠模，結果當下所有人都在做同樣的東西。」Julie 認為「這也不是什麼很嚴重的事」。

　　但 Julie 也進一步指出，「對一位甜點師來說，今日面對的挑戰是創新，能做出和別人不一樣的東西。」無意識出現的靈感與趕流行是一回事，「刻意的抄襲卻是心態的問題。」即使在法國，所有人都知道原創者是誰的狀況下，仍然也有刻意抄襲的店家，「在法國北邊接近里爾（Lille）的地方，有一家甜點店直接抄襲了 La Pâtisserie Cyril Lignac 的數個作品，Cyril Lignac 與 Benoit Couvrand 兩位主廚都知道這家店的存在，他們當然不會去刻意攻擊。但是我不知道這個抄襲者每天早上起床，面對鏡子是如何看待自己的？」她認為「每個人的級別不同，有的人沒有什麼瘋狂的才能，所以從別人的作品中汲取靈感。那沒什麼不好，起碼他首先要博學多聞、看夠多的東西，就像所有藝術家剛開始的時候都是從模仿開始的。但是那之後得要有意識與良心，不能拿著抄襲的作品說是自己創作的」。

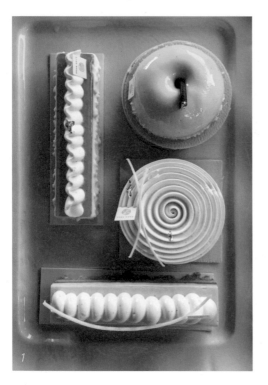

「法式甜點就是『那個參照指標』」——全球甜點人的官方語言

　　法式料理曾隨著法國文化輻射全歐，影響上層階級與宮廷風尚，法國的名廚們奠定了現代西餐的廚房體系、上菜方式、高級餐飲型態等。雖然這幾十年法式料理早已不再是創新的代表，西班牙、北歐、南美等地紛紛展露頭角，但它仍是所有製作高級餐飲的廚師們都必須瞭解並純熟掌握的語言。如今的法式甜點在全球掌握霸權的狀況也差可比擬。我問 Julie 是否認為將來全球甜點人都必須用法式甜點的形式來溝通表達，並踏上世界舞台，她覺得這個問題非常有趣，因為對她來說，「現在已是如此」。她認為「世界上沒有任何其他國家，在甜食的表現方式與創造上，能像法國一樣有如此堅實的歷史背景，能滋養並形塑如此重要的甜點傳統」，而且「法式甜點不是只有一種風格」，除了有各種糕點、糖果、蛋糕之外，「每個區域還有充滿地方特色的鄉土甜點」。

　　Julie 解釋法式甜點如何藉由教學體系散播全球：「在法國，我們有專門的學校教授甜點，全世界的人來這裡學習，然後把法式甜點帶回他們自己的國家；

1 Yann Brys 主廚發明、使用旋轉唱盤輔助的「陀
　飛輪擠花法」（右排中間甜點）被世界各地的
　甜點師大量模仿，到處都可以看到。
2 日本主廚吉田守秀（Morihide Yoshida）在巴
　黎七區開的甜點店 MORI YASHIDA。櫃內展示
　著他的作品，經典的法式甜點充滿著日式的簡
　約神髓。
3 Pâtisserie TOMO 用日式甜點銅鑼燒與日本威
　士忌重新詮釋法式經典「蘭姆酒巴巴」。

法國甜點師們也散布全球各地。接下來他們會將自己的養分帶入法式甜點，交
流之後發展各種不同的混血產物。」日本就是極好的例子，「在日本，甜點同
樣也在蓬勃發展中」；日本甜點師在法國業界是一股不可忽略的強大勢力，「許
多日本甜點師來法國學習，回國之後開店賣法式甜點；也有許多人留在法國，
就像吉田守秀（Morihide Yoshida）主廚（MORI YOSHIDA 甜點店）。」這
些日本甜點師們「做的都是經典的法式甜點」，但卻帶有不可抹滅的日式神髓，
巴黎甜點店 Pâtisserie TOMO 以銅鑼燒製作的「日本威士忌巴巴」就是精彩的
水乳交融之作。

　　她堅信「今天在世界舞台上，法式甜點確實就是『那個參照指標』」，並且
「它還會持續在那個位子好一陣子」。

訪談時間 2019/05/23。目前為《瘋甜點》（*Fou de Pâtisserie*）與《瘋
廚藝》（Fou de Cuisine）總編輯（Directrice des rédactions Fou
de Patisserie & Fou de Cuisine）。可掃描 QR code 觀賞更多由《瘋
甜點》發布的甜點訊息。

5-2
締造時代傳說──Cédric Grolet 主廚

　　曾於 2019 年 7 月底訪台舉辦快閃甜點店的 Cédric Grolet 主廚，是目前全世界最具知名度與影響力的甜點主廚。他自 2015 年起，年年摘得各大評鑑的「年度最佳甜點主廚」獎項、Instagram 追蹤數超過百萬。他的甜點作品只要一推出便全球瘋傳。來台辦快閃甜點店期間，更創下單日超過千人排隊的瘋狂紀錄。

　　「明星主廚」是現代人並不陌生的概念，Cédric 也不是首位擁有全球知名度的甜點主廚。但如果從媒體傳播的路徑來看，過往的明星主廚多半是從大眾媒體曝光，變得家喻戶曉；全球設點、出版大量食譜書，更是建立國際知名度不可或缺的基礎工程。然而，這一切固定套路放在 Cédric Grolet 主廚身上都不適用。他的知名度是從 Instagram 上開始建立的，社群媒體上超過 150 萬的追蹤數裡，真正吃過他甜點的人只是少數。他是巴黎莫里斯酒店的甜點主廚，自

1 全球最佳甜點師 Cédric Grolet 主廚於台北。
2 Cédric Grolet 主廚台北快閃店活動側拍。

己的甜點店（仍屬於莫里斯酒店）在巴黎也不過開張了一年有餘 [11]；甜點食譜書至訪談當時出版了一本 [12]，也沒有任何電視節目；絕大多數的粉絲們只能透過社群媒體了解他的新作與動態。然而，他的作品卻被全球甜點師廣泛模仿，高知名度反過來成為支持他在各國開大師課，接下來在世界各地設點的動力。他與過往的甜點主廚更不一樣的地方，在於他致力經營個人品牌。以往我們會說某某人是哪家店的甜點主廚，但 Cédric 並不在他的甜點店招牌下面，他不由他的甜點店代表，Cédric Grolet 的名字、他本人就是品牌。

　　台北是 Cédric 主廚繼紐約之後，全球第二個舉辦快閃甜點店之處，也是他用銷售實力證明自己的明星魅力能夠轉換為品牌實績的重要里程碑。本次專訪

11 此處指的是他於 2018 年 3 月於巴黎 Rue de Castiglione 開幕的「La pâtisserie du Meurice par Cédric Grolet」。

12 他於 2017 年 10 月出版首本食譜書 Fruits。此書已有中文譯本：Ying C. 審訂，《FRUITS —人氣甜點師的水果藝術》，台北：華洁國際。本篇專訪完成後，Cédric 主廚於 2019 年 11 月已出版第二本食譜書 Opéra，繁體中文版也預計於 2020 年上市，並由我擔任翻譯。

躬逢其盛，Cédric 主廚在活動忙碌之餘，和我們深入分享了他如何看待自己的角色，對社群媒體和甜點熱潮的觀察與警示。除了談到近期的計畫外，更進一步揭露了身為自己個人品牌的掌旗者，如何規畫未來的發展。

「要走得比別人更遠，就得能承擔責任、發揮乘數效果」
——從甜點師到甜點主廚

之前法國知名飲食新聞與評論媒體 Atabula 曾提到，Cédric Grolet 主廚受其祖父影響很深，因祖父母在里昂（Lyon）附近的安德雷茲－布提昂（Andrézieux-Bouthéon）小鎮經營一家飯店，所以他從小就對廚房裡的工作非常熟悉。對學業表現不好的 Cédric 主廚來說，擔任甜點師有現實條件的考量，但他也擅長各種運動，特別是游泳跟足球，學校的體育社團爭相邀請他入社。在這次的專訪中，他證實自己「一開始最早的夢想確實是當甜點師，在發現自己對摩托車的熱愛之前，我從來沒想過做別的職業」。再大一點的時候，

1 甫下飛機便急著進入廚房，為隔日快閃活動做
　事前測試的 Cédric Grolet 主廚。
2 本次台北快閃活動，Cédric 主廚的兩位助手也
　於多日前事先抵台，和台灣團隊一起負責準備
　工作。

他「曾經想過做摩托車賽車手馳騁在跑道上，但後來還是決定做甜點師」。此
後在這一行中發展了更多熱忱，就一直在專注做甜點。他對自己的工作付出了
200% 的努力，夙夜匪懈地辛勤工作，「全球最佳甜點師」[13] 的桂冠得來全無僥
倖。

　　他心目中的導師是皮耶‧艾曼大師，因為「他的甜點簡潔不做作」，也因
為「他的個人魅力和他對全球甜點界的影響力」；另一位是他在 Fauchon 時期
的主廚，也是以閃電泡芙知名、擁有 L'Éclair de Génie 的 Christophe Adam，
因為他「有一股源源不絕的活力、比其他人更為大膽」。Cédric 也提到自己非
常喜愛 Christophe Michalak 主廚，因為他「10 年前就打破了甜點的既定印象」，
不僅正式將甜點人、甜點主廚帶到公眾視野內，更「讓甜點變得更普及與大眾
化」。

---

13 2017 年，《法國美食評鑑》協會授與他「全球最佳餐廳甜點主廚」榮銜，2018 年他再度登上世界 50 最佳
　　餐廳評鑑的「全球最佳甜點主廚」寶座。

1 水果雕塑系列的原點 ——「櫻桃」（Cerise）。
2「黃蘋果」（Pomme Jaune）與「橘子」
（Mandarine）水果雕塑。

「顧客吃了我的甜點，將會一輩子記得」—— 清晰明確的創作哲學

Cédric Grolet 主廚以其幾可亂真的擬真水果雕塑系列聞名，2019 年訪台時，快閃店販賣的也是 5 款水果甜點。這個擄獲全球人心的甜點系列起源於 8 年前，他與莫里斯酒店的總監測試新作，其中一個作品便是以櫻桃搭配龍蒿的水果雕塑。後來他認為做完櫻桃就停止的話太可惜了，「我跟自己說，我要依循季節更迭，每個月推出不同的水果雕塑。」就這樣，他的招牌作品「檸檬」（Citron）誕生了。往後源源不絕的創意，讓水果系列逐漸成為他的代表作。

他認為自己的水果雕塑之所以如此受到好評，是由於「這種甜點的外型對顧客來說很新穎，而味道上則能激起他們許多（品嘗水果的）回憶」，因為「當他們品嘗時，立刻就能明白自己究竟在吃什麼」。他進一步解釋，「許多甜點非常漂亮但不見得好吃，因為我們搞不懂自己究竟在吃什麼，裡面有太多元素了。」他強調當自己創作甜點時，「只用一種味道搭配一種調味品組合。[14]」他不喜歡混合多種味道，因為當風味明確時，顧客品嘗了這個甜點，「將會一

輩子記得。」

　　談到創作的過程，Cédric 表示並沒有固定的步驟或順序，「靈感可能會在某一瞬間突然到來」，可能會在我們談話的過程中，或是自己做甜點示範的當下。對他來說，「有機會得到靈感，代表自己是自由的」，他說自己早年無法隨心所欲地創作，因為當時不自由，現在「能夠 100% 依心而行，讓我充滿創造力」。旅行、人與人之間的相遇、香氣、味道、世界各地的菜餚都是他靈感的來源。他補充說明，「這並不是說只要我有任何發現，就立刻複製它。」「我們經常將靈感與抄襲搞混，」但「我的靈感不是抄襲的產物，而是許多東西揉合在一起後，以甜點的方式出現。譬如我們經常被季節風物啟發，但對我而言，靈感不會只來自於季節變換本身。」他更舉例，「台灣種類豐富、品質優異的水果，

---

14 Cédric 主廚的水果雕塑系列都是依循此規則，主風味搭配一種香料或香草，例如草莓搭配豆蔻、青蘋果搭配蒔蘿、水蜜桃搭配馬鞭草等。

1 「百香果 2.0」（Fruit de la passion 2.0）的內餡是以百香果搭配薑製作。
2 在台北快閃店販賣的「百香果 2.0」。燈光下可以看出黑紫色果皮中閃著流金光輝，做工細緻。

也會間接地影響我未來的創作。」

　　有了靈感，他會打電話與他共事超過七年的副手 Yohann Caron 主廚討論，後者再負責將他腦中的想法實現，並反覆地做各種測試。前面他曾提到好的團隊非常重要，因為他現在跑遍全球各地，同時要執行很多不同計畫，需要「有人在我身後負責創作，並測試無數次，我才能建立年度行動方案」。因為靈感的來源不固定，測試過程也會遇到各種挑戰，所以「有時一個月都無法推出一個新作，但有時一天可以創作 5 個新甜點」。

「每一個口味都是挑戰」──風味是關注焦點

　　繼 Cédric 之後，同樣屬於杜卡斯集團旗下的 Jessica Préalpato 主廚，以其服膺阿朗・杜卡斯哲學的「自然派甜點」獲得青睞，被世界 50 最佳餐廳評鑑選為「2019 年全球最佳甜點主廚」。評鑑總監 Hélène Pietrini 公開表示，Jessica 主廚的作品「比起 Cédric Grolet 主廚更加強調本質勝於外型」；網路媒體

2019 年 5 月 推 出 的「草 莓 2.0」（Fraise 2.0）水果雕塑，沒有使用任何人工色素，在 Instagram 上引起轟動。

Atabula 在對 Jessica 主廚的專訪中也指出「她和 Cédric Grolet 主廚幾乎相反」。但是，Cédric 的甜點難道真的是外型勝於味道嗎？

前面在談到自己的創作過程時，Cédric 便表示「味道」始終是他全神貫注的焦點所在。我問到是否有哪個甜點的口味對他來說最具挑戰性，他毫不猶豫地回答：「每一個口味對我來說都是挑戰。」「我做甜點從來不會是因為覺得哪個口味簡單好駕馭。」他強調「自己所有的甜點，都是經過數年、無數的測試才產生的」。這也是為什麼他膾炙人口的水果甜點開始推出「.0」系列[15]，因為「永遠都有進步空間」。

法國 *Yam* 雜誌[16] 在 2019 年 4、5 月出刊（第 48 期）的水果專刊中提及，Cédric 希望能創造出「更趨近本質的美味（Il est possible de concevoir une gourmandise radicale）」，2.0 版本的水果「減糖、無麩質、無（人工）色素」。「榛果 2.0」刪去了前一個版本中的海綿蛋糕，不再使用色素，用口感更輕盈但風味更濃烈、直接的「榛果膠」（gel noisette[17]）取代焦糖。現在他處理檸檬也不再削皮並保留果籽，更研發一種極苦、單吃無法下嚥的「檸檬膏」（pâte de citron），希望能呈現「更明確清晰、天然未雕琢、更坦承的味道」。我問主廚心目中未來的甜點該是什麼樣子，沒有意外地，他說出自己一直以來的信念：「將油脂與糖的使用量降到最低，（消費者）更容易了解的甜點。」並強調要「尊重自然與季節」。

過去 8 年間，他一直遵循著這樣的理念在創作，而他認為今天他的作品受到全世界的歡迎，台北快閃甜點店一天就賣出超過 1,000 個水果，正是因為「顧客喜歡這樣的甜點」。他提到阿朗・杜卡斯主廚「遵循自然、簡單直接」的廚藝哲學給了他很大的影響，「過去我也像其他甜點師一樣，使用很多人工添加物，但漸漸地，我把它們一一去除。」不過這種做法「是個雙面刃」，「有些客人會跟我說『這跟以前不一樣』，也有的顧客會告訴我『這些甜點非常純淨、美味，我永遠都會記得』，但我們不可能取悅所有人。」

我好奇阿朗・杜卡斯與他的合作模式為何，Cédric 很堅定地回答自己「有100% 的自由決定自己想做什麼」，因為「如果我受限的話，這是行不通的」。他與法國廚神間採取的是「自然的合作模式」，並非「我聽他的、或他聽我的」，阿朗・杜卡斯並不會下指導棋，「他不是我的 chef，我們互相溝通，一起進步」。他特別強調自己「做自己想做的甜點」，而後者偶爾會來試試味道，「看看我在做什麼，做得怎麼樣了。」

---

15 Cédric 主廚公開表示，水果系列將會不斷演進，2.0 之後還會有 3.0、4.0、5.0 等。

16 法國專業飲食雜誌之一，由名廚 Yannick Alléno 於 2011 年創辦，每兩個月發行一次。該雜誌的目標讀者群和編輯群都是餐飲界的專業人士，每期介紹當季產物、知名主廚與餐飲潮流，並分享約 40 道專業食譜。第 48 期 Yam 的封面與主題即是 Cédric Grolet 主廚與其作品，包含 30 道食譜與深度專訪，更有專文介紹其副手 Yohann Caron 主廚。

17 以榛果奶製成的英式蛋奶醬（crème anglaise）為基底，再加入玉米糖膠（gomme xanthane / Xanthan gum）製成。

1

「抄襲者永遠不可能與創作者匹敵」──身為創作者的驕傲

　　Cédric Grolet 主廚如今對全球甜點界的影響力來自於強大的社群媒體，特別是 Instagram，但他自己認為 Instagram「並非不可或缺」。他解釋，「我認為這是一個『加分』的概念，也就是說，如果有一天社群媒體消失了，並不會改變事情本來的樣貌。」這位擁有百萬追蹤數的明星甜點主廚特別提醒，社群媒體強大的力量背後，可能帶來許多陷阱：「當我們說『社群』網路，這表示我們並沒有和人有實際、直接的接觸，而是在（手機、電腦）螢幕上。因此我們必須特別留意，分清網路與現實生活的區別。」他認為我們需要「正確地瞭解如何使用工具，並拉出距離、客觀地看待」。

　　他也提及 Instagram 影響了當代對甜點外觀近乎執迷的要求，認為目前在 Instagram 上看到的許多甜點「不會好吃」，因為「那些用巧克力與花做成的無數裝飾對甜點本身毫無意義，只是為了能在 Instagram 上取悅大家」。他自己「絕對不會加入無用的裝飾」，只會放「讓甜點美味的元素」。此處他再度

1 Cédric Grolet 主廚的作品個人風格強烈，任
何創作只要只要一經發表皆會立刻傳遍全球。
他的「魔術方塊」（Rubik's Cube）也是經常
被抄襲的作品之一。圖中是「草莓魔術方塊」
（Rubik's Fraise）。
2 台北快閃甜點店開幕前，Cédric Grolet 主廚
不忘把握零碎時間確認來自世界各地的聯絡事
宜。

重申「美麗的外表吸引顧客第一次消費，但美味才會帶來回頭客」的哲學，並
舉例「一輛計程車不可能只靠一個人坐一次就能持續經營下去，但如果一個人
成為忠實顧客，乘坐 30 次、40 次就有可能」，說明好味道始終是不可忽略的基
本。

　　甜點作品與所有藝術作品相同，有時難以區分靈感的來源與基礎，廚藝的進
步更是站在前人肩膀上不斷發展的成果。然而在當代，菜式與甜點作品內涵都
不僅是烹調或烤製方式，視覺外觀的呈現更代表了個人風格與原創性。當我問
及 Cédric 主廚對抄襲的看法時，和我過去訪問過的主廚們完全不同，這位作
品總在光速間傳遍世界的甜點主廚毫不猶豫地說：「我希望甜點作品能有著作
權。」他認為「作品的主體性應該要被好好保護，但不幸地這對我們來說並不
可能」。他說自己分享甜點作品「是為了讓人們了解我在做什麼」，但如今「許
多人並非因此得到啟發，而是獲得抄襲的材料」。他繼續闡述，「這對這些抄
襲者來說非常遺憾，因為『他們永遠不可能與原創者一樣好』[18]。」

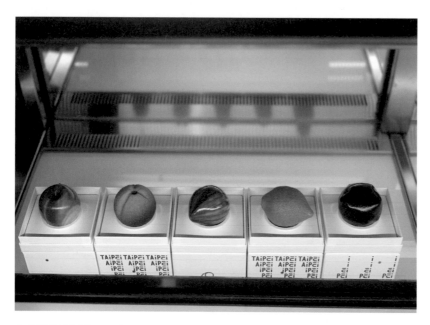

台北快閃店活動可視為 Cédric 主廚未來在世界設點的先導測試。圖中為快閃店販賣的的五個品項，由左至右分別為：「紅蘋果 2.0」（Pomme Rouge 2.0）、「水蜜桃 2.0」（Pêche 2.0）、「榛果 2.0」（Noisette 2.0）、「綠檸檬 2.0」（Citron vert 2.0）、「百香果 2.0」（Fruit de la passion 2.0）。

「工作是最重要、也最具建設性的關鍵」——成功從來不是偶然

　　聊到 Instagram 的影響，不能不提「明星甜點主廚」現象，Cédric 便是其中的代表人物。另外，還有許多甜點師也因 Instagram 的蓬勃發展而名氣水漲船高，發展了新的個人事業。不過，面對這樣的風潮，Cédric 主廚卻比想像中更謹慎、更小心翼翼。他認為，我們對過去的「甜點大師」與如今的「明星甜點主廚」形象之所以有不同的看法，是因為「現在全球都對甜點有股瘋狂迷戀」。「媒體、社群網路讓甜點師成為如明星一般的存在，結果全世界的人都想要當甜點師，因為他們誤以為當甜點師很容易。」但事實上，「我們需要跟年輕人解釋，這一行非常非常辛苦。」像他這樣名氣響亮，一張照片就能帶動全球風潮的甜點師「沒有很多」。「那些想在社群網路上取得成就的人們以為很有機會，沒錯，是有機會，但並不容易。」在這個行業成功，「需要數不清的犧牲與辛勤工作」。

　　他對年輕甜點師們提出的建議非常根本，但也非常基礎——那就是「努力

工作」。他敘述自己「8 歲就開始隨祖父工作，且永遠都比其人他工作得還要多」，認為自己如今能成功，正是因為「從未停止工作」，「工作是最重要、也最有建設性的方法」。過去 4 年都未度假的 Cédric 主廚以自己作為範例，「想成為明星沒有那麼簡單」。努力工作之餘，更要「確實地尊重團隊、了解團隊的重要」。接下來是需要「非常有創意」、保持好奇心，因為「創造力使人對工作產生熱情，能不斷地自問『這是怎麼做的？』嘗到新甜點，會想要更深入地去了解它」。

不過，即使是全球最佳甜點師，都有自我質疑的時候，「只要是人，都會有迷惘、不確定的時刻，不知道自己做得到底是好是壞。」他與我們分享自己的看法，認為「那些說『好了，我全部都明白了』的人絕對不會成功」，並舉自己此次在台北辦快閃甜點店為例，「我事前沒想到會有這麼多人」，但是「我們盡力做好準備，事先預備了比一開始計畫還要多的甜點以防萬一，結果今天全部都賣光了」。Cédric 說自己「不管是在工作還是私人生活上，都時時考量不確定因素，並盡全力做到最好」，「那些殺不死你的，只會讓你變得更強」。

「我的目標是在那些全球最美麗的首都開店」──新一代甜點主廚的未來發展

訪問到最後，很自然地談到未來規畫，但 Cédric 主廚在回答自己未來三五年的發展時，首先提到了目前的工作與 2019 年下半年的計畫，包括「莫里斯酒店要持續營運，熱銷的食譜書《FRUITS －人氣甜點師的水果藝術》還要持續銷售」，接下來則是「2019 年 10 月將要出版的新食譜書」以及「在巴黎 Opéra 區開新甜點店」[19]，且「在全球還有無數的大師課與示範課」。 他進

---

18 這句話脫胎自一句法國常見的俗語「Souvent copié, jamais égalé!」意指某些事物或某些作品「經常只是抄襲之作，無法與原創比肩匹敵」。

19 本書出版時，Cédric 主廚已按照計畫在 2019 年 11 月出版了第二本食譜書 *Opéra*，並於 2019 年 11 月 22 日在巴黎歌劇院大道（Avenue de l'Opéra）上開了自己的麵包甜點店「Cédric Grolet Opéra」。

1 Cédric Grolet 主廚在巴黎的第一家甜點店「La pâtisserie du Meurice par Cédric Grolet」仍歸屬於莫里斯酒店旗下。

2 在萬眾矚目下，2019 年 11 月 Cédric Grolet 主廚終於在巴黎開了屬於自己的麵包甜點店「Cédric Grolet Opéra」，販售商品與店鋪概念與一店截然不同。

一步談到，新甜點店會將重心擺在「更簡單、純淨、且具有巴黎風格」的作品上。訪談當時法國媒體已有更加確切的消息指出，這個位於巴黎二區歌劇院大道（avenue de l'Opéra），占地 300 平方公尺的新店，將會是所有巴黎人都熟悉的「麵包甜點店」概念，這從主廚本人 Instagram 最近關於可頌、巧克力麵包等的貼文也可看出端倪。更值得關注的是，這家新店將會完全獨立於莫里斯酒店之外，屬於 Cédric 主廚本人的品牌。對他而言，這將會是一個貨真價實的創業里程碑。

專訪當時，Cédric 主廚並首度透露，新的食譜書將會與新店概念相同：「水果系列非常現代，工藝技術極度精確；接下我希望能夠轉向至經典的巴黎風格，尋回法式甜點發展初期的古典樣貌。」在完成這些近期計畫的同時，他提到自己的終極目標是「在那些世界上最美的首都開店」，並詳述自己為此做的詳細規畫，「首先是創作甜點，接下來是完善團隊，然後開始行遍全球並打造自己的 Instagram 帳號，接著開快閃甜點店。」在台北的活動，正是「為了測試自己是否在亞洲有足夠的影響力」，「是否能夠支撐接下來開店的計畫」。

2

從個人角度來看，凡事皆事先完善規畫，接著用超強執行力完成的 Cédric 主廚，正在一步步接近自己的目標，紮實打造穩固的品牌基礎。但若以更宏觀的角度來說，以作品行銷、個人職涯規畫、品牌發展模式等維度分析，從極具才華的甜點師變身為炙手可熱的明星，接著朝創業之路邁進，Cédric Grolet 主廚徹底改變了「成功甜點師」的定義。他不僅是當下甜點圈的領先標竿，其成功模式與階段性轉折更標記了時代的風雲變幻，為甜點人的角色發展預示了難以估量的可能性。我們已在他身上見證了一段關鍵的歷史，未來三五年全球甜點界的變化想必更精彩可期。

訪談時間 2019/07/26。目前為巴黎莫里斯酒店（Le Meurice）甜點主廚，並擁有同名甜點店 Cédric Grolet，於法國、英國、新加坡等地共有 6 家分店。可掃描 QR code 觀賞更多 Cédric Grolet 主廚的作品。

5-3
反璞歸真、呈現自然之美——Yann Couvreur 主廚

Yann Couvreur 主廚是巴黎最具影響力之一的甜點主廚。他從巴黎五星級飯店 威爾斯親王精選酒店（Hôtel Prince de Galles）離開後，在巴黎開了自己的同名甜點店，迅速成為巴黎人心中最鍾愛的甜點店之一。他在瑪黑區（Le Marais）的二店雖然小巧，卻是世界甜點潮流的匯集中心，許多全球最知名的甜點主廚，包含 Amaury Guichon、Dominique Ansel 等都曾應邀到此，與巴黎人分享他們的最新作品。

他曾於 2019 年 9 月來台灣開設大師課，我在他來台之前進行專訪，希望能為台灣讀者更深入地介紹這位主廚。此外，我也根據自己持續關心的幾個主題，如社群媒體的影響、作品創意與專利權等，請教 Yann 的看法。

1 在瑪黑區的自家甜點店接受我專訪的 Yann Couvreur 主廚，自然毫不做作的風格也反映在他的作品上。

2 Yann 的無花果塔，是 9 月無花果產季時才有的美味。

「是甜點來到我的面前」── 在工作中發掘熱忱

　　Yann 於 1983 年 6 月 20 日出生於巴黎近郊的伊芙林省（Yvelines），他和許多甜點師從小便對甜點、廚藝產生興趣不同，雖然曾經在街坊的甜點店實習並留下美好的回憶，但當時並未成為他未來職涯選擇的觸發點。他一直到高中時，發現自己真的不適合繼續升學才轉向技職之路。Yann 除了擁有廚藝的 BEP 文憑之外，也取得甜點的 CAP 證書。他的第一份工作是在阿斯托利亞凡爾賽華爾道夫酒店─特里亞農宮（Waldorf Astoria Versailles – Trianon Palace）當廚師，當時的主廚 Gerard Vié 將他送去甜點部門，他才真正接觸了專業的甜點師工作。Yann 說：「我對甜點的熱忱來得很晚，並沒有什麼決定性的時刻讓我『選擇』成為甜點師，而不如說是甜點自然來到我的面前。因為我有甜點的證書，且當時廚房沒有太多甜點師，所以就被主廚送去做甜點了。」他以此為契機，得到藝術家主廚 Alain Dutournier 的賞識，以甜點部負責人的身分加入巴黎老牌星級餐廳 Carré des Feuillants。工作逐漸為他帶來更多樂趣與精進的動力，

1

「開始對基礎上手之後，我希望能夠做出更好的作品，之後就逐漸往這個領域推進，也變得更有熱情。」

　　他接下來進入巴黎宮殿級酒店之一的巴黎柏悅酒店擔任甜點副主廚，跟著當時最前衛的甜點主廚 Jean-François Foucher 工作。接著 Yann 在法屬安地斯群島中的聖巴特雷米（Saint-Barthélémy）的高級度假酒店伊甸石酒店（Eden Rock）首次擔任甜點主廚。他在加勒比海的小島上愜意地度過了一年後，感覺到自己的創作力蠢蠢欲動，即將從冬眠中醒來。2011 年他回到巴黎，歷經五星級飯店巴黎蘭卡斯特酒店（Hôtel Lancaster Paris）與巴黎勃艮第酒店（Le Burgundy Paris），最後被威爾斯親王精選酒店網羅，與知名女主廚 Stéphanie Le Quellec[20] 一起參與酒店的重新開幕。在威爾斯親王精選酒店時期的作品，如使用帕尼尼機製作出的「馬達加斯加香草千層派」（Millefeuille à la Vanille de Madagascar），其簡練現代的外型、難以挑剔的美味讓他聲名大噪，從此成為他的招牌甜點。

　　當我問到他為何決定從威爾斯親王精選酒店離開，在 2016 年開立自己的同

1 Yann 的招牌甜點「馬達加斯加香草千層
　派」，目前也在他的甜點店裡販售。
2 狐狸做為吉祥物，在 Yann 的甜點店裡也是無
　所不在。

名甜點店時，Yann 回答：「威爾斯親王精選酒店讓我創作了很多美味的甜點，
建立成功的基礎。但我的下一步是希望能更無拘無束的創作。」

「好的甜點不需矯飾」── 呈現自然最美的面貌

　　從 2016 年開店以來，大家最好奇的就是他為何選擇用「狐狸」來當甜點店
的吉祥物。Yann 向我解釋：「狐狸聰敏慧黠、熱愛自由，正是我所追求的。

---

20 Stéphanie Le Quellec 是法國少數幾位掌管米其林星級餐廳的女主廚。全法獲得兩星以上的女主廚只有兩
　位，而她正是其中之一。她的廚藝生涯從 2001 年加入巴黎喬治五世四季酒店開始，2011 年獲得法國電視
　台 M6 的知名廚藝競賽節目 Top Chef 第二季冠軍，2013 年加入威爾斯親王酒選酒店，擔任高級餐廳 La
　Scène 的主廚並參與酒店開幕，在此時期與 Yann Couvreur 主廚共事。隔年 La Scène 即摘下一星。2019
　年年初，她為 La Scène 拿下第二顆星星，但卻立即傳出離職的消息。事後傳出其實她早在 2018 年末即確
　定要離開，但若如此，La Scène 就無法順利摘星，最後酒店將她離職的消息壓遲到 3 月初才公布。她於
　2019 年末在巴黎八區馬提尼翁大道（Avenue Matignon）將「La Scène」重新開幕，這間完全屬於她自
　己的餐廳也立即於 2020 年的巴黎米其林指南奪下二星。

1 Yann 選擇以狐狸為甜點店的吉祥物,象徵自己熱愛自由,希望能不受拘束地創作。圖中為他 2019 年的聖誕節蛋糕創作,是以家貓在沙發上慵懶的趴姿為靈感設計。
2 Yann 的甜點店櫥窗內滿是天然無色素、精緻美麗的甜點,他本人卻謙稱「我的甜點沒那麼 Instagrammable」。

而且牠在巴黎周遭和全球都很常見,不是一種很稀有的動物。」他將狐狸與自己類比,「我認為自己不孤高,是一個親和的人。」接著更進一步補充,「狐狸和我一樣愛美食,而且我們都很機伶!」

在準備振翅翱翔之際,選擇用不受拘束的狐狸來象徵自己的品牌,確實十分貼切。台灣甜點圈傳言 Yann 主廚養了一隻狐狸,他笑著否認說:「我住在巴黎的公寓裡,如果狐狸被我圈養的話,牠不會快樂的!」顯然熱愛自由的他,也不希望動物受到拘束,要在大自然中悠遊。

他對甜點的看法也類似,認為「好的甜點不需要矯飾」。他指出自己的甜點「不那麼 Instagrammable [21],因為他們更著重在風味上的鍛鍊,以及使用天然的成分」。我很驚訝他說自己的甜點「沒有要做得很漂亮」,因為明明每一樣都非常精緻且吸引人,但 Yann 指出「我們其實可以做得更美,就像很多為了 Instagram 做出來的浮誇甜點,但這不是我們的目標」,他說,「我的店每天有約 1,000 名顧客,我不能只注重外表,不然他們馬上就知道了。」

從開業伊始,他就堅持自己的甜點「不使用色素、防腐劑與香料」,是在巴

黎最強烈回應健康意識，希望能回歸甜點本質的主廚。他認為甜點「應該要天然、讓人安心，且越健康越好」。如此符合現代潮流的做法，照理說應該獲得很多回響，但除了顧客以外，他坦言自己的行動「並未受到很多同業的支持」、「一切並不容易」。他認為這是由於過去訓練的不同：「我是廚師出身，我一直都是不放色素的。在廚藝界，我們更尊重自然與四季的更迭。但如果是在甜點店工作的甜點師，從培訓開始，習慣的作法就是使用色素，很難一口氣全部去除。必須要從開頭的地方 22 就改變。」他帶著一絲驕傲的語氣說：「我是做甜食的廚師。」

---

21 連結「Instagram」與「able」兩字創造出的形容詞，意指「沒有那麼適合發表在 Instagram 上」。由於 Instagram 的照片通常都是經過用戶費心雕琢後才發表的美麗照片，因此「不 Instagrammable」，便隱含了「外表沒那麼精緻美麗」、「沒那麼引人目光」之意。
22 意指學校教育與工作場所的訓練。

1 「覆盆子龍蒿塔」（tarte framboise estragon），是 Yann 的夏季甜點之一。
2 Yann Couvreur 主廚在瑪黑區的第二家店面。

「讓高級甜點能更接近大眾」—— 與眾不同的甜點店

當 Yann 在巴黎 Parmentier 地鐵站旁開第一家店的時候，其中一個賣點就是「現點現做的盤式甜點」，例如他的招牌「馬達加斯加香草千層派」以及「Pavolva」。因為他過去一直都待在高級餐廳與酒店，習慣的其實是盤式甜點；現在開了甜點店，作品類型完全不同。他和我坦承自己「始終熱愛盤式甜點，有時會在餐廳舉辦晚餐、做盤式甜點」。他並提及自己目前正在設計一個盤式甜點，我想粉絲們一定都很期待 [23]。

巴黎人對 Yann 甜點店的認識，除了能找到天然美味的作品外，也是一個能接觸到世界最新甜點潮流的地方。Yann 經常邀請世界知名主廚客座，他說自己「剛在瑪黑區開了二店的時候，就希望能經營一家不太一樣的甜點店」。他認為「邀請這些在巴黎沒有店面的主廚，讓我的顧客有機會接觸到他們的作品，非常有趣」。這些主廚們都是他「志同道合的好夥伴」，但可能在巴黎沒有店面，或是在高級飯店擔任甜點主廚。他希望能夠藉著這些合作，將「所有高級

甜點推廣給大眾」，讓甜點更普及、更平民化。

「我們用追蹤數來評斷一個甜點師的價值」── Instagram 威力所向披靡

　　身為巴黎最具影響力的明星主廚之一，Yann 主廚也和我談到當代社群媒體的威力：「我認為如今一位甜點師的名氣，得看他的社群影響力，一切由此評斷。」他不諱言：「如果你是一位甜點師，但對 Instagram 不感興趣，要成功會相對渺茫，時間也會拉得更長。」這是因為「如今人們用追蹤數來評斷一個人的價值，有越多粉絲越好，在各方面都會更加分」。他認為這是一個很特殊的現象，「社群媒體還未普及時，我們很少關心哪位甜點師做了什麼作品，誰用了誰的食譜。」但如今這類消息傳遞得非常快速。

---

23 專訪完成後，Yann 於 2019 年 11 月出版他的第二本食譜書《稍縱即逝──盤式甜點》（暫譯，原書名為 *Éphémère - Les desserts à l'assiette*），收錄 48 道盤式甜點食譜。

1 2019 年 9 月應邀至 Yann Couvreur 甜點店客座的 Frank Haasnoot 主廚與 Yann 主廚開心合照。

2 Frank Haasnoot 主廚在本次客座活動中推出的三款甜點作品。

　　他肯定 Instagram 的價值，因為那是如今「首要的溝通管道，一切都由此而生」。不像過去傳統媒體的時代，如今大家都可以自己做自己的公關，說自己想說的話，「如果有人想要說自己是世界第一，他也可以這麼說。」他認為今日真的能與大眾溝通的人，是那些「知道溝通方法的」，而不是和過去一樣「想能藉由大手筆撒錢來達到宣傳目的」。

　　不過，他也認為 Instagram 為甜點師和顧客都帶來不少不良影響，「扭曲了人們的認知」，譬如「甜點師們不再想做出美味的蛋糕，只想做得漂亮」，「人們更喜歡觀賞、而不是品嘗蛋糕」。他為此感到遺憾，因為「一個蛋糕應該首先被好好品味」。「我有時看著那些在我甜點照片下的留言，例如『這真是太美了』、『太棒了』等等，都會懷疑這裡面有多少人真的吃過了？」

　　他自己的 Instagram 帳號有超過 20 多萬粉絲，是名副其實的意見領袖，但他說自己其實並不活躍，「兩個禮拜才發布一張照片」。他認為「如果我的粉絲數持續往上增長，那是因為有很多顧客支持」，而「顧客」才是真正讓自己的 Instagram 帳號有價值的人。

2

「讓我感到困擾的不是被抄襲，而是有人抄襲之後還說是自己的創作」
—— 網路時代的工作倫理

　　由於 Instagram 的廣泛傳播，許多作品發布的下一秒就全球瘋傳，被大肆抄襲，像 Yann 的作品就經常有各種仿作。我就此詢問他的意見，想知道他是否認為甜點作品也應該有著作權、甜點師有著作財產權，他以經典法式甜點巴黎—布列斯特泡芙為例說明：「那也是一位甜點師發明的，但現在所有人都在做。」並態度堅定地回答：「我不認為需要為甜點師的作品設立著作權。」接著他提到「既然大家都在分享食譜，之後就不應該抱怨其他人重製相同的東西」，例如他在全球開大師課，「我拿到非常高的報酬，分享的也都是自己真正的食譜。既然如此，我之後就不能抱怨別人抄襲我的作品。」

　　不過同樣的食譜人人可做，身為一名甜點師、創作者，還是應該有基本的工作倫理。他坦言：「像很多其他甜點主廚一樣，我的作品被大量的抄襲。但真正讓我困擾的不是這個，而是有些人抄襲了我的作品卻不承認，反而說自己是

Yann 的招牌甜點「美味奇蹟」（Merveille），也是被大量抄襲的作品。

原創者。」看來模仿與抄襲在廚藝界與甜點界都難以避免，畢竟烹調方式與食譜包含了技術層面，需要廣泛傳播才能全面提升技術水準，並在交流激盪下激發新的想法。但如今因為媒體傳播方式改變，甜點作品的外型比過去更形重要，如果做出一個與他人一模一樣的作品，便很難擺脫抄襲的惡名自清。是否能尊重別人的創意，也尊重自己的價值，有賴每一位甜點師與創意工作者的良心和倫理觀。

「我希望團隊能在更好的狀態下工作」── 未來計畫穩健踏實

當問及未來的計畫，不像其他主廚提到出書、開課、開新店等等形塑個人品牌的計畫，Yann 主廚首先關心的是團隊的工作環境。他的下一步計畫是擴大在巴黎近郊聖莫里斯（Saint-Maurice）的「實驗室」[24]，「我希望我的團隊能擁有最好的設備，能更舒適自在、更願意好好工作。」

眾聲喧嘩，當代的甜點大師何其多。如同 Yann 所說，現在每個人都有自己的發聲管道、可以自由地表達意見；然而在發聲之餘，還能堅持做對的事、進而領導整個產業或社會潮流，就不是所有人力所能及的。期待和他一樣有獨特觀點的甜點人越來越多，我們可以品嘗到更多有想法的精彩作品。

訪談時間 2019/06/24。目前為 Yann Couvreur Pâtisserie 甜點主廚與經營者，該店於法國、美國、南韓、沙烏地阿拉伯等地共有約 20 家分店。可掃描 QR code 觀賞更多 Yann Couvreur 主廚的作品。

---

24 本書第二章第五節曾經提及，在法國，旅館、飯店、店家等專業廚房不稱為「廚房」（cuisine），而稱為「實驗室」（laboratoire）。

5-4
赤子之心打造完美極限 ——Maxime Frédéric 主廚

28 歲即掌管巴黎喬治五世四季酒店三間星級餐廳（共米其林五星）[25] 的年輕甜點主廚 Maxime Frédéric[26]，是巴黎甜點圈最受矚目的人物之一。他的招牌甜點「蛋白霜之花」（Fleur de Vacherin）、為 2019 年「巴黎之味」Taste of Paris 美食節[27] 設計的「可可之花」（Fleur de Cacao）、2018 年的聖誕節蛋糕「松果」（Pomme de Pin）、重新詮釋法式早餐經典的「巧克力酥皮麵包」（pain au chocolat）等，每一個作品登場時都引起眾人驚嘆，纖細的美感在眾多知名主廚間獨樹一幟。

2014 年我在莫里斯酒店實習時，Maxime 是甜點副主廚。有一次，他帶著我與另一名實習生捏塔皮，不僅速度飛快，他的成品也和我們完全不是同一個級別。我到現在都還清楚記得，當時看到那個細緻無比、整圈同一厚度、角度垂

2

1 前巴黎喬治五世四季酒店執行甜點主廚，現為巴黎白馬酒店（Cheval Blanc Paris）甜點主廚的 Maxime Frédéric。

2 Maxime 執掌巴黎喬治五世四季酒店後，立即以「蛋白霜之花」細緻無比的做工和美感驚艷巴黎甜點圈。此圖是葡萄柚版本，夏天則是封面圖裡主廚手中的覆盆子版本。

直且毫無指痕的塔皮時無比震驚的心情。他的糖與巧克力雕塑更是巧奪天工，經常為飯店的晚宴和特殊活動增添光彩。Maxime 雖是副主廚，卻對所有人都非常親切、有耐性，總是以鼓勵的方式讚賞團隊成員的表現，可說是當時所有實習生的偶像。

---

25 巴黎喬治五世四季酒店飯店內有三間星級餐廳，分別是三星的 Le Cinq、一星的 Le George 與 L'Orangerie，共五顆米其林星星的實力傲視整個法國。

26 專訪當時，Maxime 仍為巴黎喬治五世四季酒店執行甜點主廚。他從 2019 年 11 月起，接任將於 2020 年春天開幕的巴黎白馬酒店甜點主廚。

27 Taste of Paris 是自 2015 年開始，每年 5 月在巴黎大皇宮（Grand Palais）舉辦的美食節。活動為期 4 天，許多巴黎高級餐廳、豪華飯店、高級食品廠商都會參加，購票入場的民眾可以用合理的價格品嘗到平時難以企及的各種星級美食，而且是現場製作，還能與知名主廚們面對面交流。

「我從小就和家人說，將來我一定要在一家宮殿級酒店負責甜點創作！」
—— 夢想成真之路

　　Maxime Frédéric 主廚 1989 年出生在諾曼第 Caen 附近的小鎮，從小就是熱愛動手做甜點的男孩。和很多主廚是因為學業表現不好、陰錯陽差走上甜點之路的經歷不同，他很早就知道自己想要成為專業的甜點師，他說：「小時候每次放假回祖母家，我總是和她一起做甜點。我的祖父母在諾曼第擁有一座大農場。我早上會幫祖父一起工作，下午就和堂兄弟一起做甜點！」甜點於他，不僅是童年純真的回憶，也是聯繫家人感情的重要傳統：「我們會一起看喬爾 · 侯布雄（Joël Robuchon）主廚的電視節目「食指大動」（*Bon Appétit Bien Sûr* [28]）那時我才 8、9 歲，就會把節目上的食譜自己做一遍——特別是週三，因為那天節目是有關甜點的。」他總是和家人說：「將來我一定要在一家宮殿級酒店負責甜點創作！」

　　少年的 Maxime 進入廚藝學校，「雖然不曉得當時為何這麼想，但我認為麵包、甜點兩種都要學。」他起先學的是麵包，兩年之後才轉做甜點。取得甜點的 BTM 文憑後，因為表現優異，學校的主廚特別幫他牽線，被巴黎年輕天才甜點主廚、同時也是學長的 Camille Lesecq [29] 錄取，進入莫里斯酒店擔任甜點廚房 tour 部門的小組長。「我甚至沒有經過面試！就是在電話中和 Camille 聊了幾分鐘。」這幾分鐘成為 Maxime 美夢成真之路的起點，他在 10 天之內收拾行囊，在巴黎找到落腳之處。Maxime 在莫里斯酒店一待 6 年，從小組長一路升遷至副主廚，成為 Cédric Grolet 主廚不可或缺的左右手。Cédric Grolet 曾經在接受法國專業美食新聞與評論媒體 *Atabula* 訪談時，提到有次盛夏時正在構思新甜點，打電話給 Maxime，明明正在休假的 Maxime 卻主動提出要來幫忙，結果兩人一起連續工作了 10 天。

　　2016 年 Maxime 應 Davie Bizet 主廚之邀，擔任巴黎喬治五世四季酒店飯店新開幕的高級餐廳 L'Orangerie 的甜點主廚，終於能盡情發揮才華，設計自己的作品。L'Orangerie 餐廳開幕隔年立即獲得米其林一星，Maxime 隨後接下總理整家飯店三個甜點廚房的工作，成為執行甜點主廚。

由 Maxime 重新詮釋的「pain au chocolat」巧克力酥皮麵包，外皮具體展現了細緻的千層概念。

---

28 Bon Appétit Bien Sûr 是由世紀廚神喬爾・侯布雄主持的料理節目，自 2000 年至 2009 年在法國電視台 France 3 播出。Robuchon 主廚是現代法國料理的先驅者，著名餐廳經營者，也是《米其林評鑑》有史以來擁有最多星星的主廚（全盛時期曾經在全球同時擁有 32 顆星）。他在 1976 年獲得 MOF 頭銜，《高 & 米歐》美食評鑑並在 1989 年將他與 Paul Bocuse、Frédy Girardet、Eckart Witzigmann 等三位主廚一同列為「世紀主廚」（cuisinier du siècle）。

29 2004 年，年僅 23 歲的 Camille Lesecq 即出任莫里斯酒店的甜點主廚，並在 2010 年被《主廚》雜誌選為年度甜點主廚，也是巴黎甜點圈的傳奇人物之一。他於 2012 年離職，目前與過去在克里雍酒店的恩師 Christophe Felder 一起在史特拉斯堡（Strasbourg）附近的小鎮 Mutzig 經營一家名為「Les pÂtissiers Christophe Felder et Camille Lesecq」的甜點店，並協助後者在 Éditions de la Martinière 的一系列食譜書出版計畫。Christophe Felder 是阿爾薩斯出身的甜點大師，曾執掌克里雍酒店甜點廚房 15 年，出版近 40 本食譜書，對現代法式盤式甜點創作有極大貢獻。2004 年獲得法國藝術與文學騎士勳章（Chevalier de l'ordre national des Arts et des Lettres），2010 年再獲得法國國家榮譽騎士勳章（Chevalier de l'ordre national du Mérite）。

Maxime 為 2019 年「巴黎之味」美食節設計的「可可之花」（Fleur de Cacao）。

「Pêche blanche confite dans son jus, champagne rosé, fromage blanc et huile d'olive」（糖漬白桃、粉紅香檳、新鮮白乳酪、橄欖油），以清甜又充滿果香的白桃結合新鮮白乳酪的酸度，再加上粉紅香檳醉人的芬芳，另外以爽脆的糖片和有彈力的果凍、柔軟的慕斯與新鮮水果做對比，這道夏日甜點不管在口味或是口感上都層次豐富、令人驚喜。

「我們不是花藝師」—— 對風味的鑽研必須擺在最前

　　當問起 Camille Lesecq 主廚是否正是他的 mentor [30]，Maxime 毫不猶豫地回答說「是」。「Camille 是 Papa Camille！我進入莫里斯酒店的時候，他剛剛獲得年度甜點主廚大獎，我們看他都是『哇！』」他語氣跟眼神充滿了對 Camille 的崇敬，告訴我雖然他們之間並不是那麼毫無距離，但「如果需要談談，Camille 總是能給我建議，他一直在後面支持我，而且到現在還持續影響

---

30 mentor 指的是在專業經驗或人生閱歷上可以給予指導或啟發的導師型人物，很難找到能完全相對應的中文詞彙，所以本處直接使用法文（與英文用法相同）。

著我」。他認為 Camille 的甜點作品超越時間限制，「如果你現在把他 10 年前的食譜拿出來重做，一樣可以得到三星。他的作品從現在來看也毫不過時。」

Maxime 強調，「Camille 率直不做作、慷慨的甜點風格留給我很深的印記，而且他的甜點風味充滿層次，非常美味。」說起「味道與外表何者孰重」這個法國甜點界永恆的議題，他特別提到 Camille 對他的影響，並舉例說，當時將吹糖的作品放在甜點中蔚為風潮，但 Camille 對這種只求美麗而忘卻本質的做法頗有微詞：「他說：『如果甜點不漂亮沒關係，但如果不好吃就糟糕了！』」這種將鑽研風味擺在最前的信念，與學校老師的教導一脈相承，Maxime 一再提及：「我的老師總是跟我們說：『我們不是開花店的！』當我在為甜點做裝飾時，他說：『如果是花藝師，能做出美麗的花束當然很棒；但我們不是花藝師。甜點師首先要將甜點做得美味，其次才是漂亮的外表。』」

而談起 Cédric Grolet 主廚，Maxime 說：「我見到 Cédric 是要喊一聲『chef』的。」「Cédric 晚我半年加入莫里斯酒店團隊。在莫里斯酒店的 6 年間，我們一起成長。從他擔任甜點主廚的最初 4 年，一直到他成為『全球最佳甜點師』一路攀升的過程，我都一直注視著他，他讓我在工作上受益良多。」

「是團隊為我帶來最多的鼓舞與驕傲」 —— 真誠謙遜的領導風格

「當我決定接下執行甜點主廚的工作時，第一件事就是重新整頓團隊。當時飯店共有三個甜點廚房、三個不同的團隊，因此我必須將所有人連結起來，讓大家能彼此互相支援。」他舉例：「當 Le George 有活動時，不管是 Le Cinq 還是 L'Orangerie 的甜點師都會一起來幫忙。」這位 28 歲就接掌宮殿級酒店三

2018 年的巴黎巧克力大展，Maxime 不僅在現場示範他當年的聖誕節蛋糕「松果」（Pomme de Pin），結束後更把整個團隊（包含實習生）都一起請上台合影留念。

間米其林星級餐廳、管理 40 人團隊的年輕甜點主廚，說起自己成功的祕訣時，臉上沒有一絲自滿，將所有的功勞歸給他「強勁的團隊」。

Maxime 在廚房旁小小的辦公室裡，牆上除了貼著工作相關事項外，幾乎都是和團隊成員們的合照，有一起去法芙娜（Valrhona）參訪的照片，也有私下聚會和各種活動場合的剪影。「我本來以為，如果看到自己的作品出現在雜誌上，作為一名甜點應該是最開心的，但其實是團隊為我帶來最多的鼓舞與驕傲。」Maxime 主廚語氣真摯地說：「我最高興的是看到團隊能充分發展、成長，每個人各在其位，有屬於自己的職責，能相互交流；工作之餘還能互相打趣，分享各種開心的時刻。」

2018 年的巴黎巧克力大展，我坐在台下看了幾位主廚的甜點示範，Maxime 是其中最年輕的一位，也是唯一一位將整個團隊都帶去活動現場，並在示範結束後將所有成員請到台上的甜點主廚。他說：「自己一個人去參加活動沒那麼

Maxime 為宴席設計的迷你婚禮蛋糕。

有趣，我的團隊得和我一起出席！」他特別指出，參加巧克力大展及各種大型活動雖然很耗時，「我希望能更重視甜點師們的價值，而且這對他們來說是很美妙的經驗，不僅和每日的工作不同，還能直接和潛在顧客接觸，得到他們的意見分享。」

重視團隊成員的努力，讓所有人都能發揮所長，在日復一日的工作中成長並非易事，但 Maxime 主廚認為這是他擔任主廚必然的任務，「對我來說，造就團隊的是我們勤奮的工作與能力，在任何時刻都絕不鬆懈。我希望團隊成員每天都對自己的表現感到滿意，而我們的顧客不管哪一天來到飯店，都不會失望。」

「我熱愛美食，可能有點太多了」 —— 一切始於對風味的追尋

身為飯店的甜點主廚，工作並不是只有設計並製作飯店餐廳內的甜點，還有下午茶、宴席、特殊活動場合等，Maxime 提到他喜歡在飯店工作的其中一個

原因,就是可以做各式各樣的甜點:「麵包、維也納麵包類、盤式甜點、下午茶小蛋糕、常溫蛋糕、宴會、婚禮蛋糕、大型裝飾甜點、巧克力……我們甚至還開了快閃甜點店[31],在這個職業裡會碰到的東西,都能在這裡做到。更好的是能少量製作,不需大量生產。」

　　由於需要大量創作,他提到自己的靈感來源很多元,工作本身也很重要,如同法國諺語「鐵匠是在鍛鐵中造成的」[32] 所說,「我們也是在做甜點中成為甜點師的。」「我希望能做出更有原創性的作品,能從這個職業中帶來一些新東西,譬如我的復活節巧克力旋轉熱氣球。新的科技如 3D 列印可以做很多事,我對做一個新的巧克力蛋模型毫無興趣,可是我們可以利用它發展別的模型,讓物件加上手柄因此可以旋轉等等。」各種不同的生活體驗都可以觸發靈感,例如人與人的相遇、在外處用餐的經驗等。Maxime 提到自己是個熱愛美食的人,「甚至可能有點太多了。」他之前花了三四個月試驗,每週至少做一兩次測試,拚命想要做出一個好的可頌,但一直得不到要領,直到有一天和團隊一起在 Le Taillevent [33] 用餐,嘗到一種滋味豐富又具深度的奶油,才突然領悟「這就是做出好可頌必須的元素」。專訪的當天早上,他們訂的新奶油剛剛到貨,他的臉上已充滿躍躍欲試的表情。

31 巴黎喬治五世四季酒店在 2018 年的聖誕節以及 2019 年的復活節,都設置了一家快閃甜點店,讓更多顧客可以接觸到 Maxime 與團隊的作品。

32 原句是「c'est en forgeant qu'on devient forgeron」,熟能生巧之意。

33 巴黎歷史悠久的傳奇星級餐廳,以豐富的酒藏著稱。目前主廚為 l'Orangerie 餐廳前主廚 David Bizet。

1

　當問到最喜歡使用的甜點元素時，Maxime 給了我一個出乎意料的答案：「糖與蜂蜜。」「糖是掌握我們工作 know-how、品嘗和風味的關鍵。糖的角色是『調味』，如果甜點沒有糖，就會寡淡無味，跟食物中沒有鹽一樣；可頌裡沒有糖也不會好吃的！」提到糖，大部分的人腦海裡浮現的都是白糖，但是現在巴黎甜點界已經越來越少主廚單純使用白糖，Maxime 主廚也不例外，他說自己「幾乎不用白糖，主要是使用非精製的蔗糖，例如帕內拉紅糖（Panela）、非洲黑糖（Muscovado）[34] 這些比較有個性的糖，還有各種蜂蜜」。

　我提到經常在他的甜點中看到各種諾曼第產的新鮮乳酪元素，他立刻開玩笑地回答：「哈哈，我的血液裡流的不是血，而是牛奶！[35]」接著認真地說：「一個甜點若要風味均衡，甜、酸、苦味都要有，而乳製品的天然酸味，在達到甜點的風味平衡上，有超群的效果。」他開始一一細數各種乳製品：牛奶、法式新鮮乳酪（fromage blanc）、優格、費賽爾新鮮乳酪（faisselle）[36]、生乳製成的鮮奶油（crème crue）等，接著補充「奶油雖然沒有酸味，但是它能夠調和各種調性，使風味變得圓潤」，說完又提到，除了牛奶，還有各種植物奶，如

1 L'Orangerie 餐廳的甜點「Kiwi infusé à l'huile d'olive, Thé matcha au gingembre」（橄欖油漬奇異果、薑味抹茶）。泡沫下方水滴型的柱狀體外環部分，就是用費賽爾新鮮乳酪製成的。

2 Maxime 為 2019 年復活節設計的巧克力熱氣球，轉動左手邊的手柄可以讓熱氣球旋轉。不僅創意突破傳統復活節的窠臼，更是一巧奪天工之作。

豆漿、米漿、杏仁、榛果奶等等，很多選項都很棒。他叨念著自己在超市買的某牌杏仁奶「味道很噁心」但「榛果奶很棒！」之後，自己以「我果然很喜歡乳製品」作結。此時我不禁暗地同意，對這位出身諾曼第的主廚來說，「血液裡流的是牛奶」大概真的是事實。

---

34 Panela 與 Muscovado 糖都是未經精製的蔗糖。Panela 是甘蔗汁濃縮精練而成，有濃厚的焦糖風味；Muscovado 則是未精煉的黑糖，質地黏稠濕潤，顏色深淺依糖蜜含量有所變化。這兩種糖都比精製白糖擁有更多的礦物質與營養成分，且風味更加深沉豐富。

35 諾曼第是法國的乳製品主要產區。Maxime 出身於諾曼第，祖父母家裡又有農場，他因而對各類乳製品非常熟悉，經常在他的甜點作品裡使用，所以才會開玩笑說自己「血管裡流的是牛奶」。

36 法國傳統的新鮮乳酪之一，由未殺菌的生乳（lait cru）製成。其名稱來自於製程中將牛奶瀝乾的乳酪模型。

1

「我是個極端主義者」—— 重視細節、打造完美

　　當深入談到創作過程，Maixme 說明「大原則是從一個產品元素開始，然後在不傷害它原本特性的同時，找出能與之搭配的其他元素」。接著就是不斷地試驗，包括各種風味的調整，以及甜點結構的測試，「我希望我的甜點結構漂亮，引人食慾，而且我非常注重細節。」他強調自己「絕對不會將各種元素隨意丟在盤裡，像是這裡一小匙草莓，那裡一球泡沫、冰淇淋……」因為非常要求細節與結構的完美，所以他「創作甜點時很不容易」，他說：「因為我在這方面是個極端主義者，我希望作品非常美，同時也非常好吃。」這時我從自己的親身經歷與聽過的例子提到，如果不是完美主義者，其實很難成為好的甜點師，他立即點頭贊同，並說：「這些全部加起來，是個有點複雜的集合體，但也是（這份工作）令人著迷的地方。」

　　要打造巴黎喬治五世四季酒店三間餐廳不同個性的甜點，對甜點主廚來說是項很大的挑戰。Maxime 提到三間餐廳各有不同的定位，「Le Cinq 是三星餐

1 以極薄的杏仁片圍繞一圈做裝飾的大黃塔，上桌前還需要用橄欖油輕刷表面添加亮澤度。

2 Maxime 為義式餐廳 Le George 設計的「提拉米蘇」，用產自家鄉諾曼第的費塞爾新鮮乳酪製成外環（fonçage faisselle），輕柔包裹安錫海綿蛋糕薄片（biscuit l'Annécien）、提拉米蘇奶餡（crème tiramisu）、冷泡咖啡冰淇淋（glace café à froid et lait infusé）、酥脆蕎麥（crispy sarrasin）、濃縮咖啡（gel café），頂端的牛奶慕斯（mousse de lait）如同卡布奇諾咖啡的奶泡，精彩重釋義式經典。這也是一道用典型的法式蛋糕組成邏輯去重新演繹異國經典的作品：麵糰（安錫海綿蛋糕薄片，另外再加酥脆蕎麥增添口感）＋奶餡（提拉米蘇奶餡、咖啡冰淇淋）＋裝飾（牛奶慕斯、可可粉）。本蛋糕沒有飾面，但是由費塞爾乳酪外環裹住全部的層次，再灑上可可粉，取代了飾面的作用。一人份小蛋糕的形式，比原始版本更為精緻。

廳，L'Orangerie 非常柔美、女性化，而 Le George 則是義大利餐廳。」不同定位自然形成不同風格的作品。此外，還要考慮用餐座位數這個實際的問題，「L'Orangerie 有 20 個座位，Le Cinq 有 60 個，而 Le George 則有 120 個。」很自然地，在設計甜點時「需要考量不同的工作方式以及出餐服務的限制」。不過，即使是在有 120 個座位的大餐廳 Le George，他也絲毫不讓步，依然設計出非常細緻的草莓塔，以及重新詮釋義式經典的提拉米蘇等美味、個性清楚明確的作品。

因為談到不同甜點的特性，還有他對結構的重視，Maxime 主廚和我分享自己的獨特觀點，認為「盤式甜點做得『好吃』比『好看』容易；但小蛋糕（petit gâteau）[37] 則相反，做得『漂亮』比做得『好吃』容易」。他進一步說明，因為盤式甜點「從在盤中組織不同的結構開始，就相當於給出了不同層次的風

---

37 意指像在一般甜點店內販賣，可以直接帶走的單個甜點，不需額外擺盤裝飾。

1

味」，在製作盤式甜點時，「藉著加入不同的東西，特別是具有時效性的細緻元素，例如會隨著時間變得濕軟的薄片，會逐漸融化的冰淇淋、泡沫等，要做出好吃的作品沒有那麼難。」「反倒是我們經常看到外面有漂亮飾面、裝飾等的美麗小蛋糕，但我很少吃到一個能在味覺體驗上讓我非常感動的作品。要做一個好吃的小蛋糕需要各種因素配合得宜，真的是太難了！」

「風味記憶極其重要」—— 藉由作品傳遞情感、訴說故事

我請 Maxime 總結自己的作品風格，他首先提及「個性」，接著突然話鋒一轉，坦承自己「其實本質上是個根本不喜歡（吃）甜點、也不喜歡（吃）蛋糕的人」。他回憶自己小時候雖然很愛做甜點，但「幾乎不吃」。他喜歡的甜點其實是很簡單樸實的，例如諾曼第的優格塔（tarte au yaourt）。很多時候甚至是一碗媽媽準備的牛奶，加上一些 tartine[38] 就能滿足他了。因此，他的作品必須是他「自己也喜歡，而且跟自己相似」的甜點，且必須要能夠向顧客「傳遞

1 在 Maxime 心目中可以得到米其林三星的甜點「Dentelles de sarrasin torréfiées, raisins glacés au rhum」，以蘭姆酒雪酪、蕎麥薄片、大溪地香草香緹鮮奶油、蘭姆酒漬葡萄等元素重現他心中的「蘭姆酒漬葡萄」的風味組合，並喚起與家人間的美好回憶。

2 以西洋梨與白松露製作的盤式甜點，可愛蘑菇造型讓人仿若置身魔法森林。

情感、訴說故事」。他希望顧客在品嚐甜點時，也能體會到製作者誠摯的心意，用舌尖讀懂甜點師想說的故事。

　　至於他的作品中，哪一個和他最相似？他想了一下，如果只能挑一個，他選的並不是大家認定屬於他的招牌甜點「蛋白霜之花」，而是看似簡單，只用了三個食譜組成的「Dentelles de sarrasin torréfiées, raisins glacés au rhum」（烘烤蕎麥薄片、蘭姆酒漬葡萄），在蘭姆酒雪酪、蕎麥薄片、大溪地香草香緹鮮奶油等主要元素之外，另外加上栗花蜜與自家製蘭姆酒漬葡萄就完成了 [39]。對他來說，「這是一道能得到米其林三星的甜點」，因為它「簡潔有力地切入重點」、「沒有絲毫多餘的裝飾」，更是一道風味極具代表性、能夠喚起各種回憶的作品。

38　tartine 意指麵包片，上面可以塗各種甜鹹抹醬、果醬、奶油等，在法國是早餐與簡單的點心選項。

39　雖然整個甜點的製作部分只寫了一頁的長度，但過程極其細膩，特別是處理葡萄的部分，需要手工為葡萄一一去皮，在葡萄汁中醃漬，最後達到外層熟成、但中心果肉依然新鮮如初的程度。

1 用蛋糕捲方式重新詮釋經典法式草莓蛋糕，小巧精緻的外型連 Maxime 本人都忍不住大呼「kawaii」。

2 L'Orangerie 餐廳的 2019 夏季新甜點「Fraises tièdes et romarin」（微溫草莓與迷迭香）。從甜點的結構、擺盤方式等，都能看出經過縝密思考與設計。

3 從側面看「Fraises tièdes et romarin」這道甜點，與俯瞰時的優雅不同，在盤中排排站好的草莓與野莓，充滿童話故事般的可愛魅力。

「我明天絕對不會做出同樣的甜點」── 甜點人的角色自省

對於如今社群媒體發展蓬勃，特別是 Instagram 的興起，造就了無數的明星甜點主廚這個現象，Maxime 表示樂觀其成，「這讓我們的職業被更加重視，更多人看到。」話鋒一轉，「但說老實話，我從來不是為了 Instagram 而做這份工作。」經常一個月才發布一兩張照片的他說：「我現在使用得比較多一些，因為我認為那是一個能展現團隊工作成果的好工具，能讓他們在幕後付出的心血被更多人看見。」但他也提到「溝通、展現職業工作價值」對他來說已是使用 Instagram 的極限。Maxime 觀察到現在許多甜點師「不再為顧客做甜點，而是為 Instagram 做甜點」，有時候甚至花兩天、一週只為了拍一張好照片，「我覺得幾年過後他們會後悔，因為甜點師的根本從來不是為了成就自己的 Instagram 帳號，而是真的能讓顧客開心和感動。」他說：「我們不能忘記最基本的事情，如果一個蛋糕不好吃，那還有什麼意思？」對當今「視覺至上」的價值觀提出直接根本的質疑。

2

3

　他很高興看到明星甜點主廚現象風起雲湧，尤其自己曾經在 Cédric 主廚剛剛在全球掀旋風時在其身旁，他認為「只要我們保持率真、有人情味、不忘初衷」，「這再好不過了」。至於他自己，「小心、節制地使用 Instagram」是他的準則，「我們不是明星。顧客才是，供應商小農才是，產品才是。甜點師是手藝人，如何最大幅度地讓顧客更開心，讓小農與產品得到更多專注才是我們的職責。」他鄭重重複學校裡老師的教誨：「我們不是花藝師。」

　許多甜點因為社群媒體的力量在全球瘋傳，抄襲也變得更加容易，我問 Maxime 的看法如何，他再度直指核心地回答：「如果是我的話，明天絕對不會再做重複的甜點。」「我完全理解大家從好作品中得到靈感，找到很棒的範例，但如果今天某種風格特別流行、所有人都在做，例如 Yann Brys 主廚的陀飛輪擠花法，我會特別避開，且挖空心思『做出不同、但一樣出色』的甜點。」對於有些甜點師模仿抄襲別人的作品並拿來販賣，Maxime 主廚回應他不在意分享自己的食譜，讓別人因此得到靈感，「對我來說，甜點師不應該是『把書打開、然後照著做出甜點』的職業。」

專注將一片一片細緻脆弱的蛋白霜花瓣擺在雪酪上的 Maxime。

「勇敢、好奇、享受工作」── 給年輕甜點師的箴言

在為 Maxime 拍攝甜點照片的期間，他不斷提到自己的甜點全部都是「用很多的愛」製成的，顯然對他來說，在工作時將熱情傾注其間非常關鍵。我請他給年輕甜點師建議，除了「愛與熱情」之外，還要具備什麼樣的特質或條件才能在這一行成功？他很快地回答：「你必須勇敢，且時時保持好奇心，而且能夠從中獲得樂趣。」他解釋，「我們不是只有一種好甜點，而是有很多種甜點；不是只有一道好食譜，而是有很多食譜。」正因為沒有標準答案，所以「什麼（甜點）都能做，每一種都可以做得好」。然後還需要「嚴謹、專注與韌性」，因為這一行「需要毅力，工作時間長，而且需要很長時間的學習」。

他特別就「需要很長時間學習」這部分深入解釋，「在能夠做出好的甜點前，有非常多的技術需要打好基礎。甜點是蛋、牛奶、鮮奶油、奶油的組合，但這些組成元素不能直接成為甜點。」和廚藝不同，使用好的食材如肉、魚、蔬菜等，不需複雜就能做出好的菜餚，但「甜點需要非常高的技術性」，因為

「甜點不能將這些基礎原料直接變成成品，例如草莓是一種水果，但它不是甜點。一碗麵粉也不能直接成為甜點」。這也是為什麼做甜點「需要投注大量的熱忱」，因為在能夠真正創作之前，「有非常多的工作要做，需要瞭解如何運用這些基礎原料。」

「我非常樂意和大家分享，但當然是和我的團隊一起」
—— 閃耀未來奠基於當下

最後問到未來的計畫，Maxime 說自己三到五年內還是會在飯店內和團隊一起工作，至於開大師課，他說：「無論如何，我非常喜歡和大家分享我的知識、技術，其實一直也有很多電視節目的邀約、巴黎喬治五世四季酒店的計畫等。」但他再次強調，「我要和我的團隊一起去，自己一個人環遊世界太無趣了。」開店不在目前的計畫中，但是如果有機會的話，他很樂意能夠出版自己的甜點食譜書。

擔任巴黎喬治五世四季酒店執行甜點主廚，Maxime 童年的夢想早已成真，但他「必須找到新的目標」。他說自己有兩個新的夢想要實現，只是「現在還不能透露」。剛剛滿 30 歲沒有多久，繁重的工作與嚴苛的挑戰是這位年輕甜點主廚的日常，但未來的目標不管朝向何處，想必他都會用無比的熱忱、純真的心態與追求完美的精神去突破極限。我們只需擦亮眼睛，見證一顆新星閃耀地崛起。

訪談時間 2019/07/13。目前為巴黎白馬酒店（Cheval Blanc Paris）甜點主廚，並擁有位於諾曼第的自家農場 Les Secrets de Nos Vergers。可掃描 QR code 觀賞更多 Maxime Frédéric 主廚的作品。

5-5
以未經雕琢的水果甜點實踐自然派革命
——Jessica Préalpato 主廚

　　2019 年 6 月，「世界 50 最佳餐廳」評鑑將「全球最佳甜點主廚」的殊榮頒給了 Jessica Préalpato，時年 32 歲的她成為繼 Christelle Brua [40] 之後，第二位得到全球最佳甜點主廚肯定的女性，也是當今法國唯一一位掌管三星餐廳的女性甜點主廚。Jessica 行事低調，當時的知名度遠遜於許多主廚，作品風格更與時下雕琢、重視外觀完全不同，因此她的獲獎令很多人意外，包括她本人。

　　在獲獎之後，Jessica 與她實踐名廚阿朗・杜卡斯「自然派」（Naturalité）哲學的甜點立刻受到全球媒體的關注，她隨之以傑出女性之姿更加活躍在餐飲界。在 2020 年 1 月甫落幕的世界盃甜點大賽（Coupe du Monde de la Pâtisserie，簡稱 CMP）[41] 歐洲資格賽中，她擔任榮譽主席（présidente de l'honneur），與 2019 年新任的 CMP 主席皮耶・艾曼並肩，評審瑞典、瑞士、

1 2019 年獲得「全球最佳甜點主廚」殊榮的 Jessica Préalpato 主廚，在 2020 年 1 月舉辦的世界盃甜點大賽（Coupe du Monde de la Pâtisserie）歐洲區資格賽中擔任榮譽主席，並推廣自然派甜點理念。

2 Jessica 在 CPM 歐洲區資格賽現場擔任評審，品嘗參賽隊伍作品。該次比賽的主題同樣是自然派甜點。

烏克蘭、俄羅斯等 4 個國家隊伍的作品。她更肩負宣傳本次歐洲盃資格賽主題「Naturalité」的重任，與其他知名女性餐飲人如甜點主廚 Claire Heitzler、自然派甜點人與食譜作家珍妮佛・哈特史密斯（Jennifer Hart-Smith）等舉辦圓桌會談。

40 Christelle Brua 和法國名廚 Frédéric Anton 並肩在米其林三星餐廳 Le Pré Catelan 工作 16 年後，在 2019 年 5 月宣布投入愛麗榭宮（palais de l'Élysée），掌管法國總統府甜點廚房，輔佐主廚 Guillaume Gomez。她曾在 2009 年被《主廚》雜誌、2014 年《高 & 米歐》美食評鑑選為「年度最佳甜點主廚」，並在 2018 年被《法國美食評鑑》評選為「全球最佳餐廳甜點主廚」，代表作品為用吹糖技巧做成的「蘋果」（Pomme）。在 Christelle 轉入愛麗榭宮之後，本文主角 Jessica 成為法國唯一一位掌管三星餐廳甜點廚房的女性主廚。

41 世界盃甜點大賽是由法國甜點大師、同時擁有甜點與冰淇淋 MOF 頭銜的 Gabriel Paillasson 創辦，從 1989 年起每兩年舉行一次，到 2019 年已經舉辦過 16 屆。參賽隊伍以國家為單位，前三屆綜合評分在前七名的隊伍可以成為種子隊，不在前七名的隊伍則會經過區域資格賽選出，全球分為歐洲、亞洲、美洲、非洲四個區域。每個國家的參賽隊伍由 3 名選手組成，分別負責拉糖、巧克力與冰品（包含冰淇淋與冰雕）的個人賽，最後一起負責製作水果蛋糕及巧克力盤式甜點。

自 2005 年起規定冠軍隊於下一屆停賽。但 2019 年賽後再度更改規則，自 2021 年起，上屆冠軍隊伍可以持續參賽。在過去 16 屆中，法國隊得過 8 次冠軍、1 次亞軍，日本隊則得過 2 次冠軍、7 次亞軍、1 次季軍，是表現最為強勁的兩個國家。2019 年前三名隊伍依序為馬來西亞、日本與義大利。

「我根本不知道是什麼職位！」—— 阿朗・杜卡斯 5 分鐘慧眼視英雌

Jessica 成長於法國西南方朗德省（Landes）[42] 省會的馬松山（Mont-de-Marsan）。雖然雙親在當地經營一家麵包甜點店，但她是在通過法國高中畢業會考（baccalauréat）並進入大學唸心理學後，才轉向廚藝世界。「心理學的學業讓我害怕！我迫切地想要工作。」她說自己僅在大學讀了三週就決定休學，希望能夠從事一份使用雙手勞動的工作。或許是受到父母職業的耳濡目染，她很自然地轉向了廚藝，進入比亞里茲（Biarritz）的旅館管理學校。雖然一開始她學的是廚藝，但「轉向甜點很自然」，她說，不管是魚還是蔬菜，都沒有甜點那麼「讓我喜歡」，且「甜點廚房比料理廚房更酷」。

Jessica 順利取得該領域的 BTS 專業技術文憑，並得到文憑上「餐廳甜點廚師」（cuisinier en dessert de restaurant）的特殊「評語」（mentions）[43] 加註後，她接連在幾間知名的五星級豪華酒店工作，如位於蔚藍海岸的金羊酒店（La Chèvre d'Or）、波爾多（Bordeaux）附近聖艾米雍（Saint-Emilion）的普萊桑斯旅館（Hostellerie de Plaisance）、位於法國西班牙邊界的伊巴布爾兄弟酒店（Les Frères Ibarboure）等。接著，她在 2010 年到了巴黎，參與了知名主廚 Frédéric Vardon[44] 的 Le 39V 餐廳開幕。她表示自己在與 Frédéric 主廚共事的過程中學習到非常多，當時料理與甜點廚房肩並肩一起工作，他讓她一起呈盤裝飾，Jessica 也因此有機會觀察到廚師們的工作方法，並學到了許多基礎的技術如醬汁等。阿朗・杜卡斯主廚在為 Jessica 的食譜書《自然派甜點》（Desseralité）寫的序裡，稱她「嚴肅地看待『烹調甜點』的概念，並且跟廚師一樣相信自己的五感，以確認食物的烹調程度及材料的比例。這遠遠超乎技術層次，而是尊重食材的合理結果」。

Frédéric Vardon 主廚非常看重 Jessica，後來更讓她擔任自己創立的「科孚」（Corfou）基金會的甜點總監，她因此有了在法國與世界各地如杜拜、東京、聖彼得堡、貝魯特等不同的經歷。來自異文化的刺激，大大豐富了 Jessica 主廚的視野與想像力。

2015 年 11 月，當年 29 歲的她在與阿朗・杜卡斯主廚的 5 分鐘面試後，就得到了當時二星餐廳 Alain Ducasse au Plaza Athénée[45] 的甜點主廚位置。談起當

在巴黎美食書店 Librairie Gourmande 架上陳列的食譜書《自然派甜點》，是一部記錄了 Jessica 主廚甜點師成長歷程的作品。書名「dessertalité」結合了「dessert」（餐後甜點）與「naturalité」（自然派哲學）兩字。

時面試情形，她的語氣仍然掩不住難以置信：「他只問了我想要在哪種餐廳工作，小酒館還是高級餐飲？我說當然還是希望留在一間星級餐廳的甜點廚房，結果阿朗・杜卡斯主廚立刻說『好，那我就把你介紹給 Romain [46] 認識，你們等下一起商量』，這樣就結束了。後來 Romain Meder 主廚來了，帶我參觀廚房，我到那時候還不知道是要為哪間餐廳工作，甚至不知道是甜點主廚的職位，直到我問『所以你們到底是找什麼職位的人呢？』他回答『喔，我們是找這餐

---

42 該省以鵝鴨肝、鴨胸等美食出名。

43 法國在高中畢業會考與許多專業文憑上，會為有特殊或優異表現的學生加上「評語」（mentions）。帶有評語的文憑不僅可以展現與眾不同之處，也會獲得更多選擇機會。

44 Frédéric Vardon 主廚出身於諾曼第，曾與阿朗・杜卡斯主廚共事 14 年。他獨立之後與合夥人共同創立「科孚」（Corfou），一個專注於房地產與美食的創投基金，2010 年在巴黎充滿高級酒店與餐廳的喬治五世大道（Avenue George V）上開了自己的餐廳「Le 39V」，並於 2012 至 2018 年獲得米其林一星的肯定。Le 39V 過去在香港有一家分店，而科孚基金會則在法國與全球各地皆有投資。

45 該餐廳在隔年（2016 年）2 月發表的《米其林評鑑》中獲得三星並持續至今，Jessica 也一躍成為三星甜點主廚。

46 此處指的是 Romain Meder 主廚，即 Alain Ducasse au Plaza Athénée 餐廳的主廚。

廳的甜點主廚」，我才醒悟過來。」「他們給了我一個星級餐廳的主廚位置，而且是二星」，在驚嚇與驚喜之餘，她一出飯店便哭著打電話回家，和媽媽說：「我完全沒想到會得到這份工作！」

「他要求我把這些元素統統拿掉」——轉換以食材為中心的創作哲學

認為自己「真的非常幸運」的 Jessica，卻在進入該餐廳之後經歷了非常辛苦的磨合期。眾所週知，Alain Ducasse au Plaza Athénée 餐廳是阿朗・杜卡斯嚴格貫徹自己「自然派」料理哲學[47]的實驗場，既然領導該餐廳甜點廚房，Jessica 的作品自然要和料理呈現相同的哲學，追隨一貫的脈絡。但是對習慣各種經典法式甜點手法，過去成日與各種調溫巧克力、慕斯、奶餡為伍的 Jessica 主廚來說，「改變很不容易」。

「他讓我把這些元素統統拿掉」，Jessica 現在談起當時的挑戰已雲淡風輕，「現在這麼做，對我來說很自然。」但剛開始，「當你習慣過去那些作法，如

1 位於巴黎蒙恬大道（Avenue Montaigne）上
的雅典娜廣場酒店，以紅綠兩色為主視覺，每
個窗台上都種滿了綠色植栽、天氣好的時候紅
色的遮陽篷也會一扇一扇展開。
2 Alain Ducasse au Plaza Athénée 餐廳，天花
板上懸掛著富麗堂皇的水晶吊燈、設計細節則
頗具現代感。

慕斯、雪酪等，現在被要求徹頭徹尾的改變，必須要使用水果作為主要的題材，
真的很困難。甚至因為我們在高級旅館業中，有時會被要求使用一些根本不熟
悉的食材，譬如蕁麻（ortie）。」自然派的甜點哲學以水果為中心，尊重季節
性，僅使用極少的糖調味[48]，且不避諱呈現食材天然的苦與酸，也會使用發酵、
醃漬等手法變化同一種食材的風味。由於強調發揮食材的天然魅力，傳統法式
甜點中常用的慕斯、奶餡等加工法與許多甜點界常見的人工與化學產品都被揚
棄，植物、花朵等自然元素有更多發揮的空間。Jessica 說明：「我們聚焦在水
果上，並向小農進貨。食品大廠出產的產品如 Président 的奶油、鮮奶油等，
在我們餐廳是被禁止使用的。這一點我很喜歡，我因此認識了許多背後有故事

47 自然派料理的起源來自阿朗 · 杜卡斯在 2014 年開始的一項新料理運動，他突然宣布自己「揚棄肉類」，
轉而聚焦在魚類、蔬菜與穀類，並在少鹽、少油、少糖的原則下，花更多精力研究如何將料理變得更美味。
他位於雅典娜廣場酒店的餐廳 Alain Ducasse au Plaza Athénée 力踐此「尊重季節性、更少肉類、使用小
農產品」的料理哲學。
48 在一篇法國《解放報》（Libération）的專訪中，Jessica 曾經估計自己使用的糖量「較過去少了 4 倍」。

1 Alain Ducasse au Plaza Athénée 餐廳重視食材的季節性與天然原味，不僅菜單更換頻繁，也會依照當天的食材狀況調整。圖中是 2020 年 2 月的菜單，最下方五道就是 Jessica 的甜點，主要食材由上至下分別是檸檬（Citron）、費賽爾新鮮乳酪（Faisselle）、西洋梨（Poire）、柑橘類水果（Agrumes）、蘋果（Pommes）、巧克力（Chocolat）。

2 Jessica 的「La pomme, mousse de Versailles, lichen et tamarin」（蘋果、凡爾賽苔蘚、地衣、羅望子），以一般人難以想像的植物呈現大地風味，並以羅望子為蘋果的酸度添加層次感。

（照片提供：©Michelle Liao）

的人。」她說自己「花了很多精力去關注、強調、突顯某些食材」，並「很高興自己能夠創作這樣的甜點」。

現在她創作甜點時，通常會以一個「大家都很熟悉的食材」出發，例如蘋果、西洋梨等，接著用各種不同的方式去處理，並試著將其與「一種香草或一種香料搭配，或以其他的元素提味」。她會做許多試驗並多次品嘗，找到認為合適的做法。對她來說，創作一個甜點時最重要的，是考慮到顧客的味覺體驗，讓他們「在品嘗時，永遠都有新鮮感，而不是單調、線性的；永遠在味道中有一些小小的變化與驚喜」。

「呈現食材最未經雕琢的一面」
——與 Cédric Grolet 主廚「巧奪天工」的自然不同

相較於 Jessica、著重呈現食材天然本質，同樣是屬於杜卡斯餐飲帝國旗下，目前掌管莫里斯酒店甜點廚房的 Cédric Grolet 主廚，則以他巧奪天工的水果

2

雕塑（fruits sculptés）系列作品聞名全球。Jessica 談到這位同為「世界最佳甜點主廚」[49]的同儕時，強調他們雖然屬於同一集團，且同樣以水果為創作中心，但兩人的作品「完全是兩個不同的身分」。她說自己「極度鍾愛 Cédric 的『榛果』（Noisette）」，認為那是「全世界最好的甜點」，但 Cédric 的水果是「經過精雕細琢後的自然」，和她的風格完全不同。她舉他的「檸檬」（Citron）為例，認為該作品「雖然外觀是顆檸檬，但內裡則有檸檬慕斯、果汁等，有非常多不同的元素」，而 Jessica 自己的作品，例如西洋梨，則「是真的一顆西洋梨在盤子裡」。她認為「Naturalité」是「處理天然食材，並盡量用最未經雕琢、加工的方式，將它們重新呈現在盤中」，而這樣的哲學「就是阿朗·杜卡斯餐廳的主軸」。她進一步說明，Cédric 在莫里斯酒店的作品，「超越了阿朗·杜卡斯的原則」，而企圖徹底發揮「盤中甜點的精神」，她舉例，「假設今天

49 就在 Jessica 獲獎的前一年（2018 年），Cédric Grolet 主廚也由世界 50 最佳餐廳評鑑加冕「全球最佳甜點主廚」的桂冠。

要做『野莓法式蛋白霜冰淇淋蛋糕』（Vacherin aux fraises des bois），那就會需要處理蛋白霜與野莓。但我的作品則是處理天然的食材。」

　　她並提及「有許多食材 Cédric 可以使用，但我不行」，譬如芒果，「因為芒果需要空運或海運才能到法國，消耗許多燃油。」像這種非本地原產，或是違背當地自然季節性的水果，她「都不能使用」。不過她也強調，「阿朗・杜卡斯對我、對 Cédric 都沒有任何強制；在他認可的主題下面，我們能夠自由地做自己想做的甜點。」

「拍照太花時間了」——堅持逆風而行

　　除了以天然食材為中心，Jessica 的作品也以「不漂亮」出名，她甚至多次對媒體表示：「我知道我的作品很醜，不 Instagrammable。」雖然社群媒體擁有強大的影響力，讓許多主廚與顧客都極度重視作品的視覺性，她仍然堅持不願意為了拍照花太多時間。「我完全不為社群媒體的需要創作甜點，拍照太花時間了！」這位顯露了率直真性情的主廚這麼說。「做甜點不代表就必須要拍照。拍了之後還會質疑自己『這張照片好嗎？這張是不是不好？』」她說自己拍照並非因為喜歡，而是「被大家要求」，雖然經由分享照片、讓大家知道自己在做什麼也是件好事，但她真的「對此不太感興趣」。

　　談及社群媒體對當今甜點創作的影響，Jessica 倒是抱持非常積極的看法，她說：「社群媒體能夠讓大家認識我們的工作，這很重要。這讓我們在全世界都有切實的曝光，許多人因此願意來到甜點界工作。」還說：「我們能因此瞭解全世界的創作，這真的很棒！」不過她也提及，「以外型視覺為評判基礎這件事讓我有點困擾。我的作品著重味道與食材的本源，完全不雕琢外型。許多人對此嚴厲批判，來到餐廳就為了批評外型。」她對此感到很遺憾，但「人生不幸就是如此」，「任何事都有一體兩面」。不過即使接受事實，她也從未有迎合外界的想法。

Jessica 以 Cédric Grolet 主廚的甜點為靈感發想的「Agrumes grillées, ananas et olives noires à l'huile」(炙烤柑橘類水果、鳳梨、橄欖油漬黑橄欖)。包括如橘子、金桔等不同種類的柑橘類水果,炙烤後以不同溫度呈盤,呈現細緻的酸度差異。(照片提供:©Michelle Liao)

「若將甜點單獨抽出,很難講述完整的概念」——用餐體驗無可替代

　　不只是在談到社群媒體影響時堅持做自己,在談到豪華飯店主廚們紛紛走出來接觸大眾,試圖將甜點更為普及、平民化時,Jessica 也提出了獨樹一格的觀點。過去她曾經在接受《費加洛日報》(*Le Figaro*)訪問時,說到:「沒有辦法讓更多人品嚐到自己的甜點,我感到很沮喪。」但我在專訪問到相同的問題時,她卻提出了另外一個值得思考的觀點:「雖然我們之前參加「巴黎之味」美食節,讓大眾能夠用不貴的價格試吃到我們的餐點。但沒有錯,平時需要付 395 歐元來我們餐廳吃一頓飯,才能品嚐到所有的菜餚和我的甜點。作品更容易被大眾觸及確實很棒,但當顧客來到我們餐廳坐下用餐時,能夠得到從 A 到 Z 的完整『Naturalité』體驗,卻也同樣有意思。」她闡述:「將餐後甜點(desserts)從整套菜單裡抽出來並解釋其概念,是很複雜的一件事,因為整個菜單背後其實有一套完整的敘事。當我們有全面的體驗時,很多事才說得通、也更有邏輯。」且「能夠坐下來好好品嚐一餐,是很令人開心的。」。

1

不過，能夠讓更多人品嘗到自己的作品，應該是所有廚師與甜點師都難以抗拒的想法，何況能夠近距離地接觸到大眾，也讓社會對這個產業與身在其中的人們有更多理解與支持。雖然頻率不高，但 Jessica 確實也有考慮一些讓大眾可以來參加的活動。除了「Taste of Paris」之外，她也計畫在 2020 年 3 月與《瘋甜點》合作工作坊（workshop）。由於主題是盤式甜點作品，「我們應該會邀請顧客來到我們餐廳，再做甜點示範。」

「傳統法式甜點支持我們發展至今」
——減糖是大勢，無麩質很棒，但純素不會是未來主流

不僅 Jessica 的甜點將糖的使用減到最低，目前「減糖」也是包含 Philippe Conticini、Claire Heitzler 與 Michael Bartocetti 等許多主廚的共識，更不用提消費者對「健康」的要求較以往更為嚴苛。而本次專訪背景的甜點世界盃大賽歐洲盃資格賽中，「自然派」甜點也一躍成為主題，參賽隊伍被要求使用天然

1 雅典娜廣場酒店是巴黎宮殿級酒店中少數擁有麵包廚房、自行製作麵包的酒店。麵包主廚 Guillaume Cabrol 的作品供應酒店內所有的餐廳以及客房服務、早午餐等。Jessica 特別向我提到，Guillaume 主廚才華洋溢，且過去也曾是甜點師，4、5 年前才轉行做麵包。他在 2019 年 9 月才與《瘋甜點》雜誌合作，在其實體店鋪推廣他的作品。(照片提供：Stella Si Eun Yi，Instagram @koalamacaron)

2 Jessica 的創作「Pralin d'orge, sorbet à la drêche, orge torréfié」（大麥帕林內、啤酒粕雪酪、焙烤大麥），使用啤酒發酵製程中留下的酒粕，搭配圍繞著大麥變化的不同元素，詮釋該食材百變的魅力。（照片提供：©Michelle Liao）

蜜源植物如鼠尾草、迷迭香、薰衣草、百里香、椴樹、罌粟、矢車菊、蠟菊等結合巧克力設計甜點。此外，近來不管是無麩質（sans gluten / gluten-free）還是純素（végane / vegan）甜點都成為最新關注議題，我向這位自然派甜點掌門人詢問對未來甜點的看法。

　　Jessica 首先肯定「減糖是必然的大勢」，並提到除了少糖，也會「減少使用精製糖與精製麵粉，使用更健康的食材」。接著她提到自己認為「無麩質甜點非常棒」，但她並不將此「視為一種潮流」，而是「讓那些受到疾病影響因而沒有辦法品嘗一般甜點的人，能夠因此安心地享受甜點帶來的樂趣」，是提供解決問題的途徑及多一種選擇。有趣的是，雖然擔任 CMP 歐洲盃資格賽的榮譽主席，並在主辦單位賽前的採訪中表示「動物性蛋白質重要性會減低，植物性蛋白質與以蔬食餐飲將在未來當道」，但她卻不認為純素甜點會從此成為未來的主流。「純素甜點是當下的熱潮，但若因此就斷定傳統法式甜點（使用奶油、雞蛋等動物性食材）將不再是未來甜點的樣貌，我不這麼認為。」她指出，「法式甜點在我們的文化遺產內有著鮮明的地位，支持我們一路發展至今，所以未來絕對還會有巴黎─布列斯特泡芙、有檸檬塔的存在。」純素甜點的挑戰在於「要為作品賦予足夠的風味與美味都很困難」，是「一個很大的甜點發展計畫，沒有那麼容易」。

1 與《瘋甜點》雜誌合作工作坊，在 Alain Ducasse au Plaza Athénée 廚房示範其甜點作品的 Jessica 主廚。（照片提供：©Michelle Liao）

2 Jessica 的廚房秘密基地，藏著所有醃漬食材。她的甜點鮮少使用糖，「醃漬」則是她擅長的手法，為食材增添深度與變化。（照片提供：©Michelle Liao）

3 Jessica 的「Citron confit, sorbet au citron brûlé, confiture de citron, pesto d'estragon et algues」（糖漬檸檬皮、炙烤檸檬雪酪、糖漬檸檬皮果醬、龍蒿青醬與海藻）。糖的用量極少，大約是檸檬的四分之一，炙烤檸檬雪酪突出的檸檬的酸、苦，還加了鹽調味，和一般人印象的「甜點」很不相同。（照片提供：©Michelle Liao）

「我們也做得到」──面對性別挑戰，女性仍須證明自己

Jessica 談及過去她剛剛開始在廚房工作的經歷，僅輕描淡寫地說「廚房裡的女性很少，且很難在廚房找到容身之地。」並解釋：「現在在料理與甜點廚房的差異越來越少，但在 13 年前，（女性受到的）壓力可完全不同。」但她曾在接受法國雜誌 *Paris Match* 訪問時，提及過去在金羊酒店餐廳實習時，在全是男性的廚房團隊中，「受到難以置信的壓力」。即使她與兄弟們一同長大，打橄欖球，但「當時真的非常辛苦」，她受到了許多欺侮，譬如副主廚經常跟她說「妳做的事簡直跟屎一樣」。那個時候甜點救了她，使她遠離廚房暴力，她因此轉向專攻甜點。或許這也是她覺得「甜點廚房比料理廚房更酷」的原因之一。

在談論到自己最困難的挑戰時，Jessica 首先以主廚身分提及：「希望能將我們奠基於食材的哲學傳達出去，讓人理解。」接著她談到女主廚的性別角色，即使如今性別偏見較過去輕微，身為女性仍然需要在以男性為主的廚房中「證

明我們也做得到」。她認為自己能夠做為榜樣，為大家示範，「不論是身為女性或母親，一切皆有可能。[50]」她特別向我提及，她知道亞洲女性在職場上可能遇到更多挑戰，並以一位日本女主廚友人為例，「我們相識時，她提到要能擔任主廚真的很困難；但去年我們重逢，她看著我，對我說她做到了。我非常開心，我和她都能向女性們傳遞『一切都有可能』的訊息，我們能夠給大家勇氣，而且也能幫助這項職業更加進步。」

身為母親比身為女性要擔負的責任更重，「在餐飲業需要晚上工作，當你有寶寶時，就必須做好妥善安排。」她說在成為母親之前，一直擔心無法穩當地安排工作與生活，但現在「很煩沒錯，但我做得很好，一切都很順利……就像我們需要仔細安排生活其他面向一樣」。她舉自己當天的行程為例，「寶寶由我先生照顧，平常還有我的婆婆、保姆等。」她說自己「就像天下所有的媽媽一樣處理這些事」，並坦言：「家庭與社會的共同支持，對所有的母親來說都不可或缺。」

「獲獎之後人生並未改變」── 堅守工作崗位、持續發揮影響力

這位再平凡不過的母親，說起自己在 2019 年獲得全球最佳甜點主廚的獎項肯定後，「並未改變自己的生活」。她說自己「很開心全球都能因此認識『自然派甜點』」，但除了「有許多回頭客、許多人開始對我過去與現在的作品感興趣、有很多媒體採訪」外，她仍然每天「在我們的餐廳、我的甜點廚房內做甜點」，「我的工作並沒有變」。

或許實質工作內容與生活沒有太大改變，但這個獎項仍為年輕的女主廚帶來了更多機會，接觸到更多人，甚至令許多人因此得到鼓舞。Jessica 主廚舉自己本次擔任 CMP 歐洲盃資格賽榮譽主席為例，「我很幸運地能和皮耶 · 艾曼主廚站在一起。我以前是看他的書開始做甜點的！這對我來說意義非凡。」除了能與心中的大師比肩，她也不忘提及那些和她合作的小農們，「因為明白了我們尊重食材的創作哲學，現在他們更願意與我接觸了。」

---

50 Jessica 於 2019 年 8 月誕下第一個寶寶，成為新手媽媽。

Jessica 與心目中的大師、影響她踏上甜點之路的皮耶‧艾曼主廚共同在 2020 年歐洲區資格賽現場主持。皮耶‧艾曼主廚在 2019 年接任 CMP 的主席。照片右方是來自烏克蘭基輔的 Marina Ivanchenko 主廚（Sweet World School），今年也受邀擔任評審。

　　隨著越來越多女性無懼挑戰、在餐飲業中煥發無可替代的光彩，女性力量在這幾年也愈被重視，成為許多餐飲論壇的重要議題。我看著眼前每日同時肩負著三星餐廳成敗，還得掛心新生寶寶，想方設法處理生活難題的 Jessica 主廚，再想到在各個職場中坦然肩負事業與家庭重擔的女性們，除了想為她們聲援外，也希望終有一天，我們不須再以性別作為議題的主軸，也不須在談到職場女性時，必得強調體貼的丈夫、支持的公婆，而能將兩性都回歸於個人本質。如果有一天，更多的 Jessica 們在接受訪談時，不需要再回答「作為女性主廚，遭遇到最嚴苛的挑戰是什麼？」相信我們將能見到甜點折射出更深邃百變的風貌。

可掃描 QR code 觀賞更多 Jessica Préalpato 主廚的作品。

5-6
前進巴黎、回歸初心──鄭畬軒主廚

　　2015 年，畬軒帶著他自學琢磨數年的巧克力技藝，在巴黎歷經三星餐廳和煉獄廚房淬煉的視野，於台北仁愛圓環旁邊的巷子內成立了「Yu Chocolatier 畬室法式巧克力甜點創作」。彼時小巧、低調的一家店，後來成為《路易威登台北城市指南》（Louis Vuitton Taipei City Guide）中唯一上榜的巧克力店，也是第一家在「世界巧克力大賽」（International Chocolate Awards，簡稱ICA）中獲獎的台灣品牌，更是目前為止唯一一家由巴黎巧克力大展主動邀約參展的台灣廠商。在台灣本土巧克力品牌紛紛在國際比賽揚名之際，畬室已經悄悄啟動了下一項計畫──前進巴黎開店。

　　說是前進巴黎，或許更接近「回到巴黎」。2014 年，畬軒結束兩年的法國之旅回到台灣，在用全副身心感受過這個甜點人的聖地，在嘗遍大師傑作後，他

1 帶著自信之作來訪 2019 年巴黎巧克力大展的「Yu Chocolatier 畬室法式巧克力甜點創作」主廚鄭
　畬軒。（照片提供：© 鄭畬軒）
2 畬室的夾心巧克力在 2016、2017 年都在世界巧克力大賽中獲得亮眼成績，因此成為踏入國際市場、
　返回巴黎的契機。

向自己許下了一個看似狂妄的諾言：「有朝一日將會回到法國巴黎開一家巧克
力店，用巧克力展現台灣的迷人風土。」夢想從來都是因為困難才有挑戰的價
值，2019 年，畬軒帶著畬室的自信之作第三次參加巴黎巧克力大展，收服擁有
最嚴苛味蕾的法國消費者，更獲得許多年年來訪的忠實顧客。如今的巴黎和 5
年前一樣，除了日本人之外，檯面上仍然沒有任何一位知名的亞洲甜點師與巧
克力師；但畬軒當時看來不知天高地厚的發言，如今卻已水到渠成、只待繁花
成蔭。

1 畬室的巧克力塔有 5 種口味，以經典呈現巧克力的多種面貌。
2 在巴黎巧克力大展與國際消費者互動的畬室團隊。

「命運無形中將我們帶回法國」──以台灣為根向外發芽擴散

在畬室成立之前，畬軒就已確信將來要回來巴黎開店：「當時只是純粹的夢想，沒有太多思考成分。因為喜歡這裡、喜歡這邊高規格與高品質的競爭，認為可以挑戰這裡的市場很好。」但即使是一個沒有經過縝密思考的目標，他仍然穩紮穩打，先花了兩年時間從基本、單純的口味出發，將應該要完備的基礎元素做好，並一面沉潛、重新熟悉並挖掘台灣的特色食材與風味。品牌開始運行，畬軒不再只是單純製作巧克力與甜點的主廚，還多了品牌經營者與廚房管理者的角色，他意識到回到巴黎開店沒有那麼單純，不能只憑滿腔熱血，他說：「在過程中並沒有感覺到這個想法有絲毫減弱，反而隨著台灣店的成長穩定，感覺更加強烈。」

開店隔年，畬室報名參加 ICA 比賽，甫出手就獲得美洲亞太區一銀一銅。首次參展的耀眼成績立刻引起倫敦巧克力大展主辦單位的注意，畬室因此成為首位受邀參展的台灣品牌。畬室巧克力中的「台灣主體性」也在同時逐漸明朗，

倫敦大展中推出的烏龍茶、桂圓、醃梅以及柴燒黑麻油鹽花等口味的夾心巧克力，結合台灣風土與法式技藝，為品牌的國際之路打下基礎。倫敦參展的好評又成為巴黎巧克力大展的參展契機，「命運無形中將我們帶回法國，非常奇妙，」他堅定地說著，「更加令人確信未來的方向是冥冥中注定的，這給了我們更多力量。」

　　2018 年二度參加巴黎巧克力大展後，畬軒開始覺得自己的巧克力已經準備好可以面對法國市場，台灣的畬室團隊也足夠穩定。他說：「已經有足夠的能量，提供足夠的創作元素可以支撐我來巴黎發展。」他強調前進巴黎，是一個「連續、延續的過程」，不會把巴黎店視為「分店」，而「期待雙邊透過團隊移訓與兩地成員的交流，在實際創作層面上互相影響」。

畬室的香草千層派，堅持手擀派皮、新鮮製作，是店裡的招牌人氣商品。

「這 5 年市場其實待我們非常不薄」──故鄉逐漸深化成熟，成為堅實後盾

　　畬室在台北的甜點市場是個非常獨特的存在。首先，法式甜點已經屬於高端，市場雖然有熱忱但仍未形成文化，一個完全以巧克力和巧克力甜點來直球對決的店家想必更為艱難。另一方面，台灣市場喜愛嘗新的特性，更對店家造成不小壓力，很難維持自己的步調。畬軒認為，雖然自己選擇了一條比較艱難的路，但回顧過去幾年來「就台灣市場而言很緩慢的步調，去將每個產品做出禁得起考驗的經典性」，他仍然深深感到「畬室很幸運」，並認為：「這 5 年其實市場待我們非常不薄，我們堅定地推廣心中的巧克力面貌，也建立了非常忠實支持的客群，他們很理解、也很認同我們在做的事。」

　　畬軒從開始自學巧克力至今已超過 12 年，留法期間嘗遍頂尖手藝人的作品，更曾用味蕾踏遍全球可可豆生產地。探索巧克力的世界，對畬軒來說有如漫步無垠的宇宙，他衷心希望能和台灣的消費者分享窺見浩瀚星河的感動。「一般

在平常的甜點店，有兩三種巧克力甜點已經很多了，但那只是呈現一種巧克力的樣貌而已。」在畬室，光是巧克力塔就有 5 種不同的口味，接下來還會再推出一個台灣可可巧克力塔，6 種巧克力塔的陣容，即使在巴黎都沒有店家如此瘋狂。「當消費者來到畬室，可能覺得店裡怎麼沒有巧克力以外的甜點，也許他不得已點了 3 個，但最後卻會發現 3 個甜點中的巧克力完全不一樣，且吃到最後沒有負擔，還有餘力去品嘗別的東西。這是我當初希望能達到、最後也很幸運有達到的狀態。」他觀察台灣市場的變化，「越來越多消費者可以欣賞巧克力可以有很多不同的面貌，大家開始擴張自己對巧克力的想像。」家鄉與畬室一同成長，讓巧克力師更有自信地面對世界。

「我已經買兩年了，今年有什麼新口味？」
──口碑效應顯現，國際消費者給予肯定

連續 3 年參加巴黎巧克力大展，畬軒也在與巴黎當地顧客交流的過程中，感覺到耕耘國際市場的變化。消費者從對來自台灣的巧克力品牌不瞭解而「有戒心、畏懼」，一直到願意嘗試，最後給予高度評價。消費者態度的轉變讓他更加確信，在這個市場裡只要能交出好的作品，就能得到回饋。他談起今年在展場遇到的回頭客，口吻依舊謙和，但眼裡充滿自信的光芒。有一對來自布魯塞爾的夫妻，過去曾到訪畬室台北店面，這次聽說畬室在巴黎參展，便特地搭火車南下捧場。其他消費者也紛紛反應：「我已經買了兩年，今年有什麼新口味？」、「我信任你，請幫我推薦」等，給了畬室最自然真實的支持。

由於畬軒學習巧克力的歷程發生在法式系統中，能使用純法式的巧克力技術創作，但身為台灣人，「風味的骨幹自然帶有台灣味」。法國市場有百年的文化累積，品嘗巧克力是日常生活的一部分，在這裡不需要耗費心力教育消費者如何品鑑巧克力。若能純熟掌握當地語言，只要能突破消費者「願意嘗試」的門檻，這些充滿台灣味的故事，便如盛放的花朵，自然吸引群蝶翩翩來訪。

「我始終最在意的就是味道」——日復一日履行風味之道

在巴黎展店既然是畬室品牌的延續，台灣的積累便是不能斷的根。台灣蓄積的能量是畬室前進世界的動力，巴黎展店的初期更需要台灣團隊的全心合作。與畬室一同成長的這幾年，讓畬軒領悟團隊的重要性。「其實全世界餐飲業都是如此，最後需要建立起能夠永續經營的系統。我們不是 Pierre Hermé Paris 那種大企業，在只有一兩家店的時候，團隊就是一切。每個人都很重要，Everybody counts。」談起畬室這幾年逐漸發展出團隊向心力、以及能為「味道」投注別人無法想像的心力時，畬軒的口吻滿是驕傲。

「我始終最在意的就是味道。大家可能會覺得食物最重要的當然是味道，不知道我講的是什麼廢話；但是在當今的世界裡，這往往是最容易被忽略的。」在 Instagram 的時代，視覺壓倒性的重要，「大家拿到東西時最先是拍照，甚至有時候拍到東西的味道都已經改變了。你說味道對於所有人來說都是最重要的嗎？不是，但對於畬室來說是。我們非常在意味道，也希望客人可以感受到我們在這方面的用心。」如此堅持的身影，其實早被顧客看在眼裡，並用同樣專注的態度來回報。對許多人來說，甜點店是好友們聚會的首選場所，但在畬室卻經常可以看到獨自前來的顧客，這些孤獨的美食家不為別的，只希望能單純「享受自己與風味互動的時光」，這讓畬軒非常感動。他能回報這些顧客的，就是在追求風味的道路上持續前進，「我們不會為了節省程序而犧牲味道，即

在畬室不會有一般甜點店的吵雜，顧客都能怡然自得地享受與甜點、巧克力共處的時光。

使是製作甜點元素的半成品，也會在允許的範圍內盡量爭取做最新鮮的。這個做法在某個層面上來說非常多餘，但這些細微之處我自己感受得到，會希望能讓消費者也感受到。」

畬軒向我透露，「過去的生命經驗告訴我，自己在藝術創作上的美感是很缺乏的，因為我從小在美勞課上做出來的東西都很低分，感覺得出來自己很沒有 artistic（有藝術天賦的）的那一面。」「我學過很多音樂但完全不行，我可以對藝術創作有感知力，但在『創造』上完全不行。所以當時發現我會煮菜、我會產生味道、我會做巧克力、發現自己也是有產生美的可能的那一刻，對自己感到非常驚訝。」追尋風味之美，就此成為他負笈前行、始終不悔的大道。許多人認為大師或名店便能不顧規則、恣意而為，但其實他們每天重複那些細瑣的動作，不因為無聊、煩悶、熟練等任何理由放鬆，才能在滴水穿石中漸露神貌。畬軒說：「日復一日地要求各種細節，追求極致的新鮮，能為更好的風味做到一般人無法想像的地步，便是畬室品牌的價值。」

1　如同畬軒所言，優秀巧克力師的巧克力甜點總是有超水準的表現。圖中是比利時知名巧克力師 Pierre Marcolini 的巧克力甜點作品「渴望」（Désir）系列酸櫻桃（griotte）口味，外型精緻，細節無懈可擊，切開之後發現慕斯蛋糕體包在巧克力殼內，中央再度用巧克力隔出空間，裝入酸櫻桃內餡，從裡到外都如同一個精美的禮盒。

2　台北畬室店中的巧克力甜點，每一樣都是經典。

「甜點世界如果拿掉巧克力就跛腳了，反之亦然」——甜點對畬室的意義

　　在巴黎展店，因應市場條件與消費習慣不同，品項自然也會跟著調整。在畬軒的想法中，巴黎的畬室將會更偏向「巧克力店」（chocolatier），提供更多口味的夾心巧克力（bonbon de chocolat）。「因為法國的消費市場有辦法支撐這樣的量、流動也快速，且由於濕度、溫度都比台灣低，巧克力保存狀態會比台灣來得輕鬆。」畬軒觀察法國的巧克力店一般起碼都有 25 種以上的夾心巧克力品項，他「很樂意將種類推到這個數量以上」。近幾年在家鄉的探索，已讓畬室發展出 20 幾款口味，「以台灣為中心，再加一些法國人認為比較經典的歐式風味進來。」近 30 種的口味已能讓巴黎店彈藥充足，準備好打一場勝仗。

　　那麼甜點呢？甜點對畬室品牌來說究竟是什麼？對血液裡流淌著巧克力的畬軒來說又是什麼樣的存在？「我一直認為，一名優秀巧克力師傅做出來的甜點一定不會太差，尤其在巧克力甜點上會有超水準的表現。但相反的話就不一定

了，甜點師傅不一定會做巧克力。」侃侃而談的巧克力師繼續說道：「再換一個角度想，甜點世界如果拿掉巧克力就跛腳了，會變得很無聊耶！」「所以巧克力是甜點世界很關鍵的一個東西，反之亦然。我那時候想，既然我喜歡吃法式巧克力，法式甜點又是世界上最霸權的甜點，那一定要來巴黎學。」

畬軒向我剖白當初從西子灣來到巴黎的決定，「在大家的想像中，巧克力是一個需要學很久，很困難的東西，但事實上巧克力易學難精。難的都不在操作製作，而在真正理解運用，設計風味。」最具挑戰性的部分需要自己探索、練習，技術課程自然也是短期，不需特地來法國學。反而，有機會能在甜點和巧克力的聖地待下，將生活中習得的感官記憶、日常在心靈鑴刻下的痕跡融成自我體悟的一部分，才是最難能可貴的。

在個人的成長軌跡中，甜點和巧克力對他來說都不可或缺；而在品牌經營的領域，將甜點品項放在巧克力店裡販賣，不僅在情理之中，也有實際的考量。畬軒分析，「台灣的畬室產品裡，有一半是甜點」，因為「台灣市場很難支撐一家純巧克力店」。他說：「即使在巴黎，巧克力店也會有一些甜點，這就不見得是營業數字上的考量，而是大家自然會想在那裡吃到超越平常水準的巧克

力甜點。」

　　這位早在 19 歲就戀上巧克力的男人，如今也用同樣熱切的眼光望著甜點，「我一直很享受做甜點的過程，因為那和製作巧克力的邏輯完全相反。」畬軒向我解釋「甜點」如何擴充了自己創作的維度：「巧克力是必須要在小巧的東西裡集中、擴張各種風味；甜點則必須要在很大、很複雜的層次架構中將不同的風味融合，創造出和諧感。」巴黎學藝讓他有機會在甜點與巧克力互有交疊又截然不同的概念中切換、遊走，不僅有趣，兩個領域「能夠互相滋養彼此的創作」，更讓他感到幸運。

「Unlearn what you have learned」──找到自己並忠於自己的時代挑戰

　　藉著參展重回巴黎，畬軒當然沒有放過四處觀察、品嘗的機會。我們很自然地從味道聊到外型，接著就談起甜點界那個「味道與外型孰重」的永恆命題，現在還要加上網路與社群媒體傳播，特別是 Instagram 的影響。一開始製作巧

1 畬室 2019 年七夕情人節巧克力禮盒，以水銀溫度計為靈感，「你融化了我的心」（You melt my heart）為主題，以紅黑雙色巧克力傳達了情人間甜蜜如火的愛意。
2 畬室的經典「蒙布朗」與其他巧克力甜點。蒙布朗的特殊擠花法與塔頂端的糖粉裝飾，宛如皚皚覆雪的白朗峰再現。
3 畬室店內一角。小書桌上擺了畬室與主廚的受訪紀錄、報導，包括文中提到的《路易威登台北城市指南》。

克力，是透過飢渴地從網路上查找資料、訂購原文書自學，然後再反覆無數次實驗，曾經為法芙娜的「Manjari 64% 巧克力」和 La Maison du Chocolat 的原味夾心巧克力心旌搖曳、不可自已的畬軒，認為社群媒體給了當代甜點師「過去沒有辦法享有的經驗，特別在學習上面」。在現今的世界，「甚至不用來巴黎學，只要積極地在網路上搜集各種資訊、資源，就可在技術上和巴黎同步。」但即便技術上能達到一定的水準，「對風味的境界未必有同樣深的領會。」

在 Instagram 影響力如此摧枯拉朽的時代，畬軒認為反而「必須適時地關閉自己（去接收這些龐大的資訊）」。他提到前陣子看到某位日本師傅說自己從來不接觸社群媒體，因為覺得會受到影響，他說：「你可以說他很極端，但某個層面上來說，這個做法也是正確的。因為在社群媒體出來之前，哪一個人不是這樣？當時的環境非常閉鎖，你只能透過自己硬生生、實際地去探索，才能發掘出世界上還未曾有的東西。」如今在 Instagram 上火紅的各類甜點風格，宛如「一個個框在甜點師們頭上的框架」，他認為：「你一定會被限制，或者你的想像力會被用在突破那個框架，可是框架本身就已經是一個預設的東西

了。」每個年代有著不同的挑戰，畬軒認為當下的挑戰其實正是「如何找到自己，並忠於自己」。

　　前段時間畬軒讀了甜點大師 Frédéric Bau[51] 的《巧克力百科全書》（*Encyclopedia of Chocolate*），這本書英文版是由皮耶・艾曼主廚編修並撰寫序言，其中有一句話讓他非常感動：「一位甜點師必須要花很長的時間去學習所有的技術，可是最後你必須要把你學到的東西都忘掉，『Unlearn what you have learned.』[52]」畬軒認為「這句話道盡了一切」：「你可以學會很厲害的技術，可以做出跟 Cédric Grolet 一樣的水果，」可是如果要成為一位卓越的巧克力師或甜點師，必須要「unlearn everything you have learned，去發展出屬於你自己風格的東西」。

　　能夠找到自己是一個挑戰；能夠持續忠於自己，則是另外一個參雜了運氣的考驗，畬軒說：「想要忠於的那個自己，必須要面對市場的競爭，必須要能夠存活；也有時候有些人忠於自己，但那個自己是不適合市場的。」他雖然為追尋風味之美賭上全部，決定窮盡一生用精煉、純粹的味道來詮釋自己心中絕美的巧克力風貌，但也深刻認識到巧克力「自始至終都是一個商品」。這個商品為人帶來其他商品難以比擬的愉悅，因為這個愉悅感而踏上巧克力師之路的畬軒，也會繼續傳遞這個愉悅感，「盡力讓大家有更多機會願意去嘗試、欣賞它，而不會閉門造車，太誇張地違背市場對巧克力的想像。」

「我的巧克力起點是台灣還是法國？」──「Taiwan Twist」的探索與回歸

　　每年在巴黎的巧克力大展，畬室都會帶來最新創作與國際消費者分享，2019 年的全新創作以「Taiwan Twist 玩味台灣」為主題，橫貫台法兩地的風味記憶，將兩國風情融為一體。包括薑汁椰奶、辣椒香草、桂花荔枝、黃芥末椪柑、馬告開心果及焦糖醬油共 6 款口味，都是個性鮮明又充滿趣味之作。

　　畬軒談到 6 款新商品中自己最喜歡「辣椒香草」，溫文的語氣開始興奮起來：「香草給世人的印象就是很甜、很香、很柔和，我特地選擇用辣椒去做碰撞，同時保留下香草的印象。」這款辣椒香草作品，是他「玩得非常開心」的一款創作，從「Taiwan twist」主題出發，先天就是一個有強烈個性、扭轉一切的

畬室每年都會帶著最新創作的 6 款夾心巧克力前往巴黎巧克力大展，2019 年的禮盒組中包括薑汁椰奶、辣椒香草、桂花荔枝、黃芥末椪柑、馬告開心果及焦糖醬油等以「Taiwan Twist 玩味台灣」為主題的最新創作。

叛逆存在，「和過去總是走『平衡感、細膩、優雅』的調性不同。我就是硬是要做一個不一樣的、特立獨行的風格。」不過就像認為自己的創作是為了傳遞愉悅感一樣，他柔軟節制自己個性中的叛逆，經過多次嘗試找到兩者並存的平衡感，讓成品「在能夠感受到辣椒的熱力同時，也控制了力道，並未影響香草本身的細膩」。他特別提到因為法國人不吃辣，所以這個品項在巧克力展反而特別受到矚目，許多人都感到好奇、想要品嘗，「是試吃品中最早發完的」。

51 法國知名巧克力師、甜點師，是法芙娜巧克力創意總監，並創立法芙娜巧克力學院，是許多知名主廚再進修的場所。他發明「Dulcey」白巧克力，其「巧克力甘納許製作三步驟」徹底改變了整個甜點界，是啟發無數的嶄新創作。

52 法文原文為「S'appuyer sur ce qu'on a appris pour ne pas reproduire ce qu'on a appris.」這段話前後文是「Le parcours d'un pâtissier peut se résumer en trois étapes : l'apprentiçage, la maîtrise, la transmission. La phase d'acquisition de l'ensemble des techniques constitue un préalable indispensable pour se libérer du système de référence. « S'appuyer sur ce qu'on a appris pour ne pas reproduire ce qu'on a appris. 」意為：「一名甜點師的職涯可以分為三個階段：習藝、精通、傳承。在獲取整體技術的過程中，有一個將自己從參考系統中解放出來的必要先決條件，那就是『為了能運用所學，不複製所學 』。」其中「為了能運用所學，不複製所學」，就是訪談中畬軒提到忘掉所學、發展屬於自己風格的作品，「unlearn what you have learned」。

畬軒在一塊塊夾心巧克力中,以法國養成的技藝體現他心中的故鄉風土。對他來說,哪裡是起點並不重要;能夠秉持初心,與更多人分享穿越時空的感動,才是他的終極之道。

「Taiwan Twist」中呈現看似兩極拉扯的張力,對畬軒來說毋寧更像「輪迴」。他自問:「我的巧克力起點究竟是台灣還是法國?」雖然是從台灣開始,但卻是法國巧克力給了他如同天啟般的召喚。「所以那個『Taiwan Twist』到底是 twist 什麼東西呢?出發點是法國的香草、還是台灣的辣椒呢?」他認為追尋、探索的意義本身就是一個 twist(扭轉)。

巴黎是否就是畬軒的最終目標,之後會將品牌帶至世界其他角落嗎?他頓了一下回答:「(去別的國家)感覺好遙遠喔!巴黎完成之後,別的國家如果有機會的話會很樂意,但那不是一個目標。」他接著解釋在巴黎設點之後,自己的目標是「深化台灣在『甜』這個風味領域中的特性與主體性」,因為「台灣集中了亞洲非常多元的文化,是很有趣的存在。如果西方把台灣當成觀察亞洲的「microscope(顯微鏡)」的話,會是一個很棒的視角。」他認為「台灣如果有朝一日在巴黎受到認同,那在世界也可以」,「就像日本一樣能被世界看到」。如果能把這件在巴黎做好、有幸能夠成功,本身就意義重大。我半戲謔半認真地問:「巴黎對你來說是世界甜點和巧克力的最高殿堂嗎?」他也同樣

認真又戲謔地反問我：「難道對你來說不是嗎？」

修煉沒有止境，邁向最高殿堂也是回歸原點

　　畬軒是我在巴黎斐杭迪高等廚藝學校的學長，在他回台之前，我們曾有一回在杜樂麗花園的習習涼蔭下交換過實習跟巴黎生活的酸甜苦辣。沒想到數年之後，又有機會在巴黎重逢，面對面聊著對巴黎，以及對甜點、巧克力、產業、品牌經營、專業跟自我成長的看法。採訪畬軒和採訪其他法國主廚不同，因為他和畬室品牌的成長軌跡，很大一部分也是我和其他台灣甜點人走過的路；他對自我的省察和期許、對家鄉的關懷、對法國甜點與飲食文化如何藉由專業訓練與日復一日的浸淫、馴染、碰撞，直至成為自身信念的一部分，並反射觀照自己與台灣在世界舞台的位置，都讓我有不少共鳴。

　　在訪問過程中，畬軒提到「不知道自己的巧克力生涯起點是法國還是台灣」「『Taiwan Twist』的創作靈感既是台灣也是法國」，讓我聯想到「莫比烏斯環」（Möbius strip）這個在數學上有如魔術般的存在。莫比烏斯環可以用一張長紙條製作，將其中一端扭轉 180 度再接到另一端黏起來，就可以得到只有一個面和一條邊界、沒有正反面分別的環狀結構。如果用一支筆在莫比烏斯環上的任何一點開始畫線，你會發現自己能一筆畫盡它的每一面。一般的紙條有正面和背面之分，兩面沒有相交的一天；但如果是莫比烏斯環，朝著自己認為的「正面」不斷前進，不知何時就會繞到「背面」來。正面和背面不僅是相通的、也是循環無盡的。如同畬軒在自己的著作《前進甜點之都：巧克力師的巴黎學藝告白》中所言：「巧克力，乃至任何工藝，都沒有學成的一天。日復一日專注在他人眼中微乎其微的事物上，用天地力量展現人類意志之美，永遠不應止息。」修煉之路沒有終點；秉持初心，享受自我突破的過程，不管是在台灣還是法國，遠方的目的地其實一直都是最初的起點。

訪談時間 2019/11/12。目前為畬室法式巧克力甜點創作 Yu Chocolatier 主廚與經營者。可掃描 QR code 觀賞更多鄭畬軒主廚的作品。

Annexe

附錄

之一　社群媒體對法國甜點人與甜點界的挑戰

1

「欸，我在 Instagram 上面看到了一個好漂亮的甜點！要不要我們有空一起去吃？」「好啊，我最近看到另一位主廚也有新作品，他還 po 了斷面的影片，太誘人了！我也想順便去看看！」這樣的對話你是否很熟悉呢？

社群媒體的力量有多驚人？當我們打開 Facebook 與 Instagram，那些精緻美麗的甜點不僅快速吸引我們的注意力，更可能直接啟動我們的消費慾望。近兩年不止台灣，全球都掀起法式甜點熱潮。除了法國甜點界人才輩出之外，也得歸功於全球甜點師的頻繁交流。而社群媒體，特別是 Instagram 的蓬勃發展，在其中更扮演了非常重要的角色。許多甜點以光速傳遍世界各地；許多甜點主廚也一躍成為名人，甚至明星。

1 Cédric Grolet 主廚的水果雕塑經由社群媒體
傳遍全球,也形塑了他的明星甜點師形象。
2 知名甜點主廚 Yann Couvreur,曾於 2019 年
9 月訪台開設大師課。截至 2020 年 3 月中,
他在 Instagram 上有超過 28 萬追蹤數。

修煉沒有止境,邁向最高殿堂也是回歸原點

　　大概從兩三年前開始,幾乎所有巴黎的甜點主廚都開了 Instagram 帳號。即
使沒有個人帳號,也會有店家的官方帳號。由於前者是由主廚本人親自掌管與
發布消息,通常會比店家或品牌帳號更為活躍,與粉絲之間的互動也更多。
巴黎知名甜點主廚 Yann Couvreur 曾對《法國世界報》(Le Monde)表示,
Instagram 是「一個面向世界的櫥窗,而且是免費的」。在我對他的專訪中,他
也提到「這是當今最主要、最便利的溝通管道」,不僅將甜點師的作品呈現在
世人面前,更是與顧客溝通、傳遞店家最新消息的方法。「如果今天你是一位
甜點師,但對 Instagram 沒有興趣,要成功會相對渺茫,時間也會拉得更長。」
　　引領世界甜點潮流的甜點雜誌《瘋甜點》創辦人與總編輯 Julie Mathieu 在接
受我的訪談時,提到社群媒體對他們的經營發展非常重要,「即使是紙本雜誌,
在當今也必須多方經營。」甜點愛好者的網路社群為自發形成,且水準高得不
可思議,甚至領導了雜誌的編輯方向,Julie 特別強調活躍的網路社群強化了對

1 《瘋甜點》廣泛關注世界各地的甜點師與甜點店，Instagram 帳號曾多次轉發台北 Quelques Pâtisseries 某某。甜點的作品，引起廣泛討論。圖中前方的甜點就是曾經被轉發過的「花柚開好了」。

2 發明可頌甜甜圈（Cronut®）的 Dominique Ansel 主廚，2019 年 5 月前在巴黎客座 Yann Couvreur 甜點店時，推出造型特殊的「Pretzel」德國扭結餅慕斯蛋糕。

雜誌的死忠支持。

　　從與店家、主廚互動開始，積極活躍的社群也逐漸改變了整個產業的經營方式：店家需要和網路社群建立互動與連結；甜點人則需要將自己的創作哲學經由社群媒體傳達出去，樹立起自己的個人風格，像以前一樣安靜地做好本份工作已經不夠。

社群媒體對產業與消費生態帶來衝擊

　　社群網路的發達帶來的另一個重大影響，在於對甜點作品的外型要求變得更為嚴苛。法國一向對甜點作品都有「要好看也要好吃」（*beau et bon*）的雙重要求，當今如此倚重社群媒體作為行銷主力的現象，形塑了新的消費習慣：許多消費者在 Instagram 上面看到了某個甜點，決定去某家店消費，甚至拿著別的主廚的作品去問店家有沒有做同樣的東西。

　　這樣的生態為甜點界帶來了許多衝擊，也形成了不少挑戰。例如，市場上出

現越來越多特殊形狀的模具，消費者跟主廚們都已經無法滿足於「普通的」圓形、方形、三角型等。如果能在造型上先聲奪人，就可以產生一定的討論熱度，引起各種仿作，這也是為何某些形狀或外觀的蛋糕會一窩蜂出現在市場上的原因。再加上社群媒體的資訊流通實在太快速了，有的店家為了蹭熱度，甚至直接照抄當前最紅的甜點造型，省了自己研發的心力。

對外觀的執著，除了造成對模具的使用依賴、扼殺原創性外，也可能與如今高漲的健康意識產生衝突。原本消費者對甜點造型中「非天然」成分的容忍度已經比餐飲來得高，「外型要吸睛」更助長了色素與人工添加物的使用。我們大概難以接受餐點裡出現冰藍色的米飯，但一個閃著亮澤的豔紫色蛋糕卻有不少人叫好。美麗外型和健康要求也許在現實上確實是兩個難以共存的維度，但甜點人們卻必須在這兩難中找到出路。

對外型的重視更可能因此犧牲口味，特別是對一些年輕、或是業餘的甜點師來說。《法國世界報》一篇〈更漂亮、但還要更健康：甜點人的兩難〉[1]的專題報導，訪問了法芙娜的巧克力大師 Frédéric Bau，他在法國電視台 M6 極受

1 Fauchon 的 François Daubinet 主 廚 與 Mokaya 模具品牌合作推出的「Folha」青蘋果紫蘇藜麥長胡椒蛋糕。
2 Fauchon 的招牌甜點「吻」（Bisous-Bisous），顏色與外型同樣吸睛。
3 Pâtisserie Michalak 的「 我 的 愛 」（Mon Koeur），嬌豔欲滴。

歡迎的甜點競賽節目《最佳甜點師》擔任評審，觀察到許多參賽者雖然都注意要使用品質好、有機的食材，卻在最後完工裝飾時為了要讓甜點外表更閃亮，使用極甜、極油膩的鏡面，最終毀了一個甜點。他形容這些作品「很美但無法入口」。

甜點界的回應

大部分的法國甜點主廚在面臨社群媒體的風潮時，選擇的是直面挑戰、順勢而行，不僅分享甜點、工作實況，更分享個人生活動態，成功建立個人品牌。他們當中有許多人不僅擁有數十萬、數百萬追蹤數，也成為貨真價實的明星主廚，例如在台灣擁有超高人氣的 Amaury Guichon 與 Cédric Grolet。有些主廚不那麼善於經營社群媒體，便把官方帳號交給專業的公關打理，讓自己可以專

---

1 原文標題為〈Toujours plus beau, mais toujour plus sain: le dilemme des pâtissiers.〉

1 社群媒體超過百萬追蹤數的 Cédric Grolet 主廚，是名副其實的明星甜點主廚。
2 Cédric Grolet 主廚的「草莓 2.0」，使用天然蔬果色素染色。

心創作，譬如 Pierre Hermé Paris 與 Des Gâteaux et du Pain 的甜點主廚 Claire Damon。

Instagram 對當代的甜點人們帶來什麼樣的挑戰？我在訪談 Julie 時，特別向她請教這點，她認為不論在社群媒體追蹤人數有多高，「真正的挑戰其實是如何將甜點賣出去」。特別是對開店的主廚而言，唯有賣出甜點，生意才能存續。Julie 的回答直指核心，這也是許多主廚即使善於為甜點妝點美麗的外型，仍然強調自己重視風味的原因。特殊外型也許能造成一時熱潮，但口味始終才是客人是否回購的關鍵。

對真正專業的法國甜點主廚而言，重視口味並不代表他們放棄了對外表的雕琢。有的主廚選擇使用蔬果提煉的天然色素來取代人工色素，譬如早在 2016 年便是先行者的 Hugo & Victor 主廚 Hugues Pouget，而皮耶・艾曼主廚改用甜菜、薑黃、葉綠素粉等為馬卡龍染色。Cédric Grolet 主廚也在 2019 年推出一系列新的水果雕塑，當他的副手 Yohann Caron 在 Instagram 宣布「草莓 2.0」並未使用（人工）色素時，引起一陣轟動。有的主廚走得更遠，直接捨棄使用

2

色素、金箔等，回歸對甜點本質的思考，譬如 Yann Couvreur 主廚。他的作品大量使用當季盛產的水果與堅果，在裝飾時也嚴格遵守同樣的邏輯。他的甜點櫃繽紛多彩，作品外型依然細緻，在健康與美麗的兩難間，他用紮實的功底給出了回應。雖然他本人認為自己的甜點其實可以做得更美，但是更健康自然、注重甜點本身的味道才是最重要的，因為「一個甜點應該首先要被好好品嘗」。

更有意識的創作與消費

不過，消費者不見得會對食材的真實風貌照單全收。Julie 在訪談時便提到，最近出版食譜書《甜點，純樸天然》（*Pâtisserie simplement naturelle*），強調甜點「自然就是美」的 Benoit Castel 主廚，「自從停用綠色色素後，他的開心果費南雪從鮮綠色變成天然黃褐色，結果銷售量下降了 20%」。《法國世界報》的專題中也提到，Sébastien Dégardin [2] 主廚的香草蛋糕不再使用二氧化鈦染成雪白色後，銷售量直接少了兩倍。

面對「以貌取人」的消費行為，有的主廚堅持走自己的路，如 Benoit Castel 主廚認為要與消費者持續溝通；但也有主廚因為該商品佔業績比重太大，無力承受改變可能帶來的衝擊。Julie 舉皮耶・艾曼主廚為例，因為消費者的強力要求，必須在一月賣草莓蛋糕，招牌甜點「Ispahan」玫瑰荔枝覆盆子馬卡龍也必須全年供應。她特別指出：「消費者也是需要被教育的，如此才能解決這些（因外型要求而產生的）衝突。」

「教育消費者」或許聽來太嚴肅，但最近開始有主廚利用網路的即時性和社群的口碑力量，試圖和消費者一起創造對環境、生態都更友善的消費行為。例如有鑒於對甜點新鮮度和外型的極端要求可能造成的大量浪費，Claire Damon 主廚在 2019 年 5 月 3 日，於 Instagram 上宣布「dgedp[3] 回收站」（La Recyclerie dgedp）企畫：如果前日有未賣出的甜點或麵包，當日會在 Instagram 上貼文告知，讓顧客可以用較便宜的價格購入。既避免了浪費，也讓消費者反思不同消費模式產生的影響。

甜點本是為人們的生活帶來愉悅，但主廚的創作與消費者的購買行為，都是

1 Yann Couvreur 主廚的甜點店櫥窗內滿是色彩繽紛、造型細緻的甜點，全都未使用色素與防腐劑。

2 巴黎甜點店 Des Gâteaux et du Pain 成立「dgedp 回收站」企畫，每天會在 Instagram 上公布前日未賣出的甜點與麵包，讓顧客以便宜價格購入。

3 Pierre Hermé Paris 的馬卡龍已改用天然蔬果染劑。

個人理念的展現與價值的選擇。面對難以抵擋的社群媒體力量，也許更好的態度，是在瞭解它帶來的各種影響後，更有意識地選擇與行動。

2 前法國知名星級餐廳 Troisgros 甜點主廚，是當時最年輕的三星甜點主廚。2004 年加入 Pierre Gagnaire 集團，在香港、杜拜與東京都有所歷練。目前與妻子一同在巴黎五區萬神殿旁開業，擁有一家名為「Pâtisserie du Penthéon」的甜點店。

3 dgedp 是 Claire 的甜點店名 Des Gâteaux et du Pain 的縮寫。

之二　從亞洲甜點在巴黎，思考何謂「台灣味」

法式甜點這幾年在台灣爆紅，許多在法國學藝完成的主廚回台開店，帶動了整個甜點界的「法式」風潮。許多知名原料代理商如聯馥食品、苗林行，以及擁有專業烘焙教室的 187 巷的法式等，紛紛邀請知名法國甜點主廚來台開設大師課與示範講習，推動台法兩地的技術與知識交流。另一方面，這幾年亞洲甜點元素與亞洲甜點，在巴黎逐漸開始嶄露頭角。抹茶、柚子等成分悄悄出現在法國甜點主廚的食譜中，再也不是日本主廚的專利，黑芝麻也在這兩年開始獲得少數青睞。更有亞洲甜點直接登陸巴黎，還開立專賣店。

巴黎最早的亞洲甜點店幾乎清一色是日本的天下，最知名的有高級和菓子專賣店與茶沙龍 Toraya，以及日式麵包甜點店 Aki Boulanger。位於十三區中

1 Sadaharu Aoki（青木定治）是最早在巴黎發
跡的亞洲甜點主廚，他將抹茶、玄米茶、柚子
等日式甜點元素帶入法式甜點領域。圖中是抹
茶可頌、抹茶泡芙、玄米茶閃電泡芙。
2 2019 年 4 月 17 日甫在巴黎六區開幕的 La
Maison du Mochi 實體店面。

國城的廣南泰餅家，雖然因為移民的歷史染上了東南亞風味[4]，但提供的中式
甜點如蛋塔，無論做工跟口味都非常正統。近幾年以來，巴黎的甜點界和美食
界在食物的流行趨勢上變得更為開放，接受速度也加快，因此整個城市的甜點
地景為之一變。2016 年原本服務於巴黎七區日本茶沙龍 Walaku 的主廚村田崇
德離開該店[5]，在 Pyramides 日本區和法國主廚 Romain Gaia 合開了一家銅鑼
燒專賣店「朋」（Pâtisserie TOMO）[6]。後來更出現了鯛魚燒專賣店 Taiyaki
Paris 與麻糬專賣店 La Maison du Mochi。有趣的是，後者其實是由熱愛日本
文化，曾在日本生活的法國女主廚 Mathilda Motte 創立，一開始只以宅配方
式在線上販賣（連販賣方式都非常亞洲！）。顯然麻糬相當受到巴黎人歡迎，
2019 年 4 月在甜點店激戰區的六區開了實體店面。而我竟然是被法國友人告知，

4 該店的榴槤蛋糕、榴槤馬卡龍等是其特色甜點。
5 Walaku 在主廚離開之後，結束販賣和菓子與茶沙龍，轉型為日式烏龍麵餐廳。
6 該店同時也賣一些和菓子與麻糬。

才剛好在開幕當天躬逢其盛。

　　銅鑼燒、麻糬等日式甜點逐漸在巴黎打開知名度，自然也開始了它們在地化的過程。麻糬的變化性較小，主要是在傳統的日式紅豆餡、抹茶、黑芝麻等口味，另外發展出法式的榛果、檸檬與杏仁口味來吸引當地消費者。但銅鑼燒就不一樣了，它在外型與結構上能做出較多變化。除了傳統的紅豆餡，以及兩塊麵餅夾著內餡的三明治外型外，TOMO 將銅鑼燒麵餅作為底座，上面放上半球形的檸檬奶餡（crème au citron）變化出的「檸檬塔」；夾了自家製榛果帕林內慕斯林奶餡（crème mousseline praliné maison），再撒上黃豆粉（kinako）的巴黎—布列斯特泡芙變奏版「巴黎—京都銅鑼燒」（Dorayaki Paris-Kyoto）；以及對反轉蘋果塔的重新詮釋「Dorayaki Ringo」[7]：在焦糖蘋果中夾了黑醋栗果泥（purée cassis），上桌前再撒上山椒粉（sansho）提味。TOMO 甚至推出以梅酒香氣烘焙的咖啡豆做成的歌劇院蛋糕，以及浸了日本 Nikka 威士忌的巴巴（Baba au whisky japonais）。這些都是對經典法式甜點非常精彩的「重新詮釋」。

1 La Maison du Mochi 櫃檯上擺著口味清單，除了常規的 8 種口味外，還有每月更替的季節性品項，
　開幕時推出了「櫻花麻糬」（Sakura-Cérise）。
2 Pâtisserie TOMO 的甜點櫃，裡面擺了許多以銅鑼燒為基底的創作。圖中是「巴黎—京都」，重新
　詮釋巴黎—布列斯特泡芙。
3 Pâtisserie TOMO 的「日本 Nikka 威士忌巴巴」（Baba au whisky japonais）（後）與「聖托佩銅鑼燒」
　（Dorayaki Tropézienne）（前），分別大膽重新挑戰法式經典「蘭姆酒巴巴」（baba au rhum）與「聖
　托佩塔」（tarte Tropézienne）。
4 Pâtisserie TOMO 的「Dorayaki Ringo」，是一個將法式經典甜點「反轉蘋果塔」重新詮釋的精采
　案例。

　　除了日式甜點，韓國與中國也逐漸進入巴黎的甜點市場。我目前拜訪過的韓
國咖啡館就有兩家。其中一間是位於五區的 +82PARIS，其特色甜點「bingsu」
（韓語的刨冰），在細緻的雪花冰淋上鬆軟香甜的蜜紅豆、黃豆粉與白玉，另
外也有抹茶紅豆口味，真心一解我對亞洲甜點的鄉愁。另外一間是位於瑪黑
區、專心於蛋糕捲的 BINICI，雖然口味偏甜，但蛋糕體蓬鬆濕潤，是亞洲人

7　「Ringo」是日文「蘋果」的發音。

巴黎第一家韓國咖啡店 +82PARIS，其刨冰（bingsu）全年都吃得到，但隨著季節變化推出不同口味。

絕對會喜歡的口感。至於中式甜點，除了許留山開了一家外，還有幾家在巴黎中國人社群與 Google Reviews 上評價都非常好的甜點店：從外觀到內裝都非常古色古香，並提供正宗中式甜品如桃膠、雙皮奶、楊枝甘露的 T'XUAN 糖軒。該店永遠都是客滿，其中也有許多巴黎本地顧客。和糖軒類似風格的青梅茶食（Pause Goût Thé），抹茶蛋糕、酒釀湯圓、雲朵冰淇淋和紅油水餃、照燒牛肉飯樣樣都來得；另外還有肉鬆戚風蛋糕捲和重慶小麵一起賣，名字取得頗有巧思的椒糖（Sucrepice）[8]；芒果千層可麗餅蛋糕頗受歡迎、還開了兩家的閨蜜甜品（Guimi House）。除以上介紹的店家之外，起碼還有 5 個品牌的中國甜點咖啡店。

　　能夠撫慰海外遊子的心是一回事，從甜點深耕文化影響力則是另外一回事。法式甜點和高級餐飲（fine dining）一樣，或許是目前非法籍甜點人要進入國際舞台、擁有話語權的表達方式[9]。但誰說亞洲式的甜湯、紅豆餡、茶飲搭配糕餅，未來不能建立另外一套表達體系？也許不用兩年，巴黎人開始會把喝甜湯、吃刨冰、享用中式糕點配茶視為理所當然，法國甜點主廚們對亞洲甜點的

韓國咖啡店 BINICI 的「紅茶口味蛋糕捲」（roll thé noir）。

理解將不再限於使用抹茶、柚子、黑芝麻等元素，而會思考是否能將蒙布朗用中式糕點的型態來詮釋。

　　我還記得過去與巧克力大師 Patrick Roger 的一番談話，他聽到我來自台灣，立刻說：「啊，我們這裡好像還沒有台灣的甜點店，雖然已經有了 Pâtisserie Sadaharu AOKI paris（青木定治）。」其實，在巴黎的台灣甜點人不少，下面幾位都是非常傑出的代表：行倫邑在法國總統府愛麗榭宮服務；陳星緯在 2016 年法國圖爾巧克力展（Salon du Chocolat de Tours）的巧克力師國家盃中奪得冠軍（1er National des Chocolatiers de Tours），並曾擔任 MOF Yann Brys 的甜點店 Pâtisserie Tourbillon 甜點副主廚；Yu Chocolatier 畬室法式巧克力甜點創作主廚鄭畬軒將台灣味、台灣傳統食品工藝融入高級巧克力製作，帶給全球

8　法文中的 sucre 意指糖，épice 則是香料。
9　目前台灣最好的例子就是 Yu Chocolatier 畬室法式巧克力甜點創作。主廚鄭畬軒以他心中的台灣風味，創作出 18 款包括茉莉花、馬告、酒釀、黑金剛花生、柴燒麻油等口味的巧克力。

巧克力愛好者；還有多次被《瘋甜點》轉載作品，法國主廚來台灣必訪的甜點店 Quelques Pâtisseries 某某。甜點。但整體而言，台灣並沒有像日本一樣清晰的文化識別，沒有韓國政府對自家文化軟實力的全力投資外銷，還面臨無法從中國（特別是閩南文化）的大框架中裡找出差異，並創造獨特定位。對消費者而言，品嘗異國飲食正是一種文化消費。如果我們對自己不夠瞭解，不能找到希望呈現給外國消費者的文化價值與展演方式，就沒有辦法在國際舞台上回應「台灣甜點到底是什麼」、「特色在哪裡」、「什麼是台灣味」。而這些問題，並不是「日本人賣銅鑼燒，那我們就去賣鳳梨酥」的簡化邏輯就能輕鬆回應得了。

在我看來，一切需要回到我們如何看待自己、定義自己的原點。在回答台灣的甜點是什麼之前，必得定義究竟什麼是台灣味、什麼是台灣的身分識別、台灣的風土給了我們什麼樣的滋養，所以我們可以用什麼方式將自己的身世爬梳清楚。如此一來，才能像日本主廚般，自由地將自己的文化用法式甜點的語言表達，在將法國的元素以日式甜點呈現時，絲毫不會面臨身分不清的尷尬，任何人都能一眼看出其作品中的日本神髓。連「台菜」都還在艱辛尋找答案的路上，何況「台式甜點」？除此之外在中華文化、甚至整個亞洲文化圈中，甜點尚未得到跟主菜相同地位的重視。更沒有能和法式甜點體系相提並論的系統、內涵與職業分工。這不僅是一個尋找自我的過程，也是一個成人的過程。答案不可能很快找到。但是我們必須整理好行囊上路，必須在向外學習的過程中時時回顧、回答自己：「我究竟是誰？」

「台灣味」究竟是什麼，其實是我從 10 年前就開始思考的命題。從我在荷蘭唸書，外國同學問我「什麼是台灣的代表性飲食？」開始；到我在莫里斯酒店實習時，輪到我準備一道台灣菜給全實驗室的同事品嘗，與同事解釋我用紅豆泥取代栗子泥重新創作蒙布朗的緣由；一直到前陣子看到《法國世界報》一則張冠李戴，將珍珠奶茶[10]、華為手機和日本招財貓全部視為「中國文化風靡法國」的圖片貼文時，都在我心中不斷反覆探問。身為一個台灣甜點人，以及

1 巴黎中式甜品店糖軒的著名甜品「人面桃花」，是用台灣人不熟悉的桃膠 [11] 加入紅棗、枸杞、桂圓
 等熬成的甜湯。
2 T'XUAN 糖軒的「博古架」套餐，包含四到五種中式甜點與甜品。

以「法式甜點」如寫作中心主題的作者，我真心希望這個命題在甜點的領域，
也能激起和在餐飲領域相同深度與廣度的討論。

　　這篇〈從亞洲甜點在巴黎，思考何謂「台灣味」〉只是一個引子，我會將它
謹記在心，將來有機會，希望能更深入細究甜點文化在亞洲的發展脈絡、探討
如何定義並呈現台灣味。

---

10 珍珠奶茶是另外一個可以延伸出來、非常值得討論的題目。作為目前最具國際注目度的台灣飲食代表，
　　從一開始的手搖杯，到目前在巴黎發展茶沙龍，這個台灣特色如何從中國與台灣的傳統茶文化中脫曳出
　　來，發展了現代性及一整套仍在不斷擴充與演進的系統，都非常值得深入探討，並為台灣甜點界、甚至
　　是廚藝界在找尋並定義台灣身分識別時，提供參考的座標。
11 根據《米其林香港指南》的網站指出，「桃膠是薔薇科植物桃或山桃等樹皮中分泌出來的樹脂，是一種
　　固體的天然樹脂，在中國的古代醫書內都有詳細記載，桃膠可以用來治療血淋和石淋等病症，還有生津
　　止渴，緩解壓力等功效。」桃膠被視為在「平民版燕窩」，可以在糖水、煲湯跟煮菜時加入。

索引 Index

甜點主廚（Chefs pâtissiers）

L'ART DE LA PÂTISSERIE FRANÇAISE

法式甜點學 ·暢銷經典版

從概念到鑑賞、從技藝到名廚，帶你看懂、吃懂法式甜點門道的行家養成指南

作　者	Ying C. 陳穎
封面設計	李珮雯（PWL）
內頁排版	李珮雯（PWL）
責任編輯	王辰元
文字校對	簡淑媛
特別感謝	Alinna Ho、Cheng-Ying Wang、Chialing Hsu、Ching Hung、Esther Lai、Hsin-Pei Huang、HwaLin Tan、Iing Lin、Ilid Chou、Jasmine Ng、Jeannie Lan、Linda Hsieh、M. A. Lin、Michelle Liao、Shan-Yu Lin、Simon Dutertre、Valentin Jollivet、Yi-Ching Tseng、Yu-Wen Chen

發 行 人	蘇拾平
總 編 輯	蘇拾平
副總編輯	王辰元
資深主編	夏于翔
主　　編	李明瑾
行銷企畫	廖倚萱
業務發行	王綬晨、邱紹溢、劉文雅

出　　版	日出出版
	新北市 231 新店區北新路三段 207-3 號 5 樓
	電話：（02）8913-1005 傳真：（02）8913-1056
發　　行	大雁出版基地
	新北市 231 新店區北新路三段 207-3 號 5 樓
	24 小時傳真服務（02）8913-1056
	Email：andbooks@andbooks.com.tw
	劃撥帳號：19983379　戶名：大雁文化事業股份有限公司

二版一刷	2024 年 5 月
定　　價	880 元
I S B N	978-626-7460-18-4
I S B N	978-626-7460-17-7（EPUB）

國家圖書館出版品預行編目 (CIP) 資料

法式甜點學：從概念到鑑賞、從技藝到名廚，帶你看懂、吃懂法式甜點門道的行家養成指南 暢銷經典版 / Ying C.（陳穎）著 . -- 二版 . -- 新北市：日出出版：大雁出版基地發行, 2024.05
　面；　公分
ISBN 978-626-7460-18-4(平裝)
1. 點心食譜 2. 飲食風俗 3. 法國
427.16　　　　　　　　　　113005108